Gasturbinenkraftwerke

Ihre Aussichten für die Elektrizitätsversorgung

Eine Studie von

Dozent Dr. techn. **Ludwig Musil**
Direktor der Steirischen Wasserkraft- und Elektrizitäts-A. G.
Graz

Mit 52 Textabbildungen

Springer-Verlag Wien GmbH
1947

ISBN 978-3-211-80033-1 ISBN 978-3-7091-2405-5 (eBook)
DOI 10.1007/978-3-7091-2405-5

Vorwort

Mancher Kraftwerksbauer wird sich bei seinen Planungsarbeiten die Frage vorgelegt haben, ob und in welcher Hinsicht der Dampfprozeß eine weitere Vervollkommnung über das heute Erreichte hinaus erlaubt. Er wird dabei zur Erkenntnis gelangt sein, daß sich der Dampfprozeß nach Ausnutzung einer noch möglichen Steigerung der Frischdampftemperatur in wärmewirtschaftlicher Hinsicht einem Optimum genähert hat, will man noch verwickeltere Schaltungen, wie z. B. mehrfache Zwischenüberhitzung oder Zweistoffprozesse und die dadurch zu erwartenden betrieblichen Erschwernisse vermeiden. Der planende Ingenieur dürfte aber auch beim Entwurf von größeren Werken manchen Schwierigkeiten gegenübergestanden haben, die sich bei der Kühlwasserbeschaffung und in zunehmendem Maße von der Brennstoffseite her ergaben, ihm gewisse Beschränkungen bei der Verwirklichung seiner Ideen auferlegten und zu technisch und aufwandsmäßig nicht voll befriedigenden Lösungen zwangen.

Es war deshalb verständlich, daß man nach neuen Möglichkeiten für die Umwandlung der kalorischen in die elektrische Energie Umschau hielt — wobei man in erster Linie wegen ihrer vornehmlichen Anwendung an feste Brennstoffe dachte — und daß daher die Veröffentlichungen von *Ackeret* und *Keller* in den Jahren 1939 bis 1941 über eine neue „Aerodynamische Wärmekraftanlage", aber auch die durch die Arbeiten *Noaks* über den Veloxkessel geförderte Weiterentwicklung des offenen Gasturbinenprozesses in Fachkreisen starkes Interesse fanden. Es fand eine weitere Förderung durch die zunehmende Anwendung der Verbrennungsturbine für den Flugzeugantrieb, die der Sammlung von Erfahrungen konstruktiver Art und über die Bewährung von Werkstoffen bei hohen Temperaturen zugute kamen.

Diese Arbeiten gaben den Anstoß zu Überlegungen über die Anwendungsmöglichkeiten des Gasturbinenprozesses und seine Aussichten für verschiedene Antriebszwecke, die bisher der Dampfturbine oder der Kolbenmaschine vorbehalten waren. Als ein kleiner Beitrag zu dieser Frage, und zwar vom Gesichtspunkt der Elektrizitätserzeugung aus, möge auch das vorliegende

Büchlein betrachtet werden. Es stellt die Ausweitung von eingehenden Untersuchungen dar, die ich als Leiter der maschinentechnischen Abteilung eines der damals größten europäischen Stromlieferungsunternehmen angestellt habe und die schließlich zum Entwurf eines Gasturbinenversuchskraftwerkes für 12,5 MW Leistung führten, das den Zweck haben sollte, in wirtschaftlicher und betrieblicher Hinsicht Erfahrungen zu sammeln und Unterlagen für eine Weiterentwicklung zu erhalten.

Das Büchlein soll nur als eine Studie und als ein Versuch gewertet werden, die Möglichkeiten des Gasturbinenprozesses vom Standpunkt der Elektrizitätsversorgung und aus ihren Erfordernissen heraus, unbeeinflußt von irgendwelchen Herstellerinteressen, abzuwägen. Es soll Fachkollegen die Anregung geben, sich mit diesen Problemen zu beschäftigen. Findet es in diesem Sinne Interesse, so ist sein Zweck erfüllt.

Graz, im Sommer 1947.

L. Musil

Inhaltsverzeichnis

I. Technischer Stand und Entwicklungsmöglichkeiten der Dampfkrafterzeugung.

1. Die wärmewirtschaftlichen Aussichten des Dampfprozesses.

Die Dampfstromerzeugung hat, brennstoffwirtschaftlich gesehen, in den letzten Jahrzehnten eine beachtliche Entwicklung durchgemacht. Sie erstreckt sich im großen und ganzen auf zwei Gebiete, u. zw.:

1. auf eine Verbesserung des Arbeitsprozesses (Erhöhung des thermischen Wirkungsgrades),

2. auf eine Vervollkommnung der Betriebsmittel (Steigerung der Wirkungsgrade).

Zur ersten Gruppe gehören die Verwirklichung und Weiterentwicklung der Speisewasservorwärmung mittels Anzapfdampfes aus der Turbine, die Steigerung des Dampfdruckes und der Über-

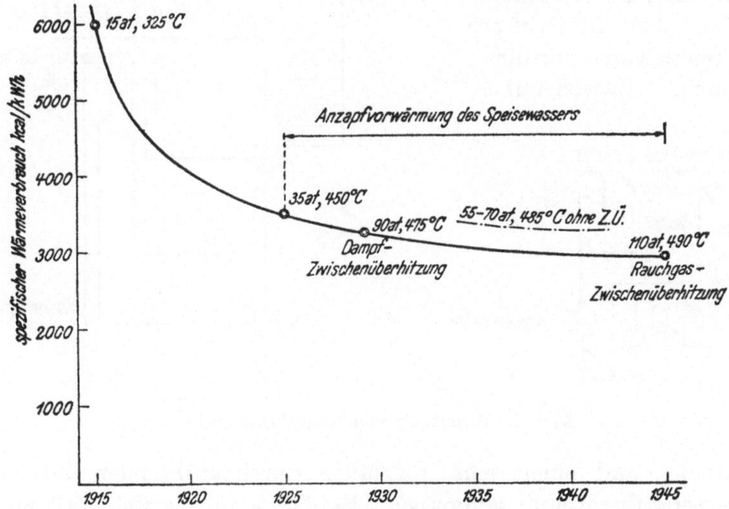

Abb. 1. Senkung des spezifischen Wärmeverbrauches von Dampfkraftwerken in den letzten 30 Jahren.

hitzungstemperatur sowie die Einführung der Zwischenüberhitzung bei Höchstdrücken; zur zweiten die Vergrößerung der Kessel- und Turbineneinheiten und deren konstruktive Verbesserung. Einen Anhalt für die erzielten Fortschritte gibt Abb. 1, in der versucht wurde, die Senkung des spezifischen Wärmeverbrauches in den letzten dreißig Jahren darzustellen. Dem Wärmeverbrauch von 5000 bis 6000 kcal/kWh zwischen den Jahren 1910 und 1920 steht ein heute bei Höchstdruckanlagen erreichbarer von rund 3000 kcal/kWh und weniger gegenüber. Diese Verbesserung mußte aber mit einem immer verwickelteren Aufbau der Anlagen erkauft werden. In Abb. 2 ist die Schaltung eines Niederdruckkraftwerkes aus den Jahren 1910 bis 1920 mit der eines modernen Höchstdruckkraftwerkes verglichen, wobei für beide Anlagen von gleichen Voraussetzungen ausgegangen wurde. Dem einfachen Kreislauf des Niederdruckkraftwerkes mit einer ebenso einfachen Speisewasseraufbereitungsanlage steht heute das Höchstdruckkraftwerk mit Vor- und Nachschaltmaschinen, vier- bis fünfstufiger Speisewasservorwärmung, Zwischenüber-

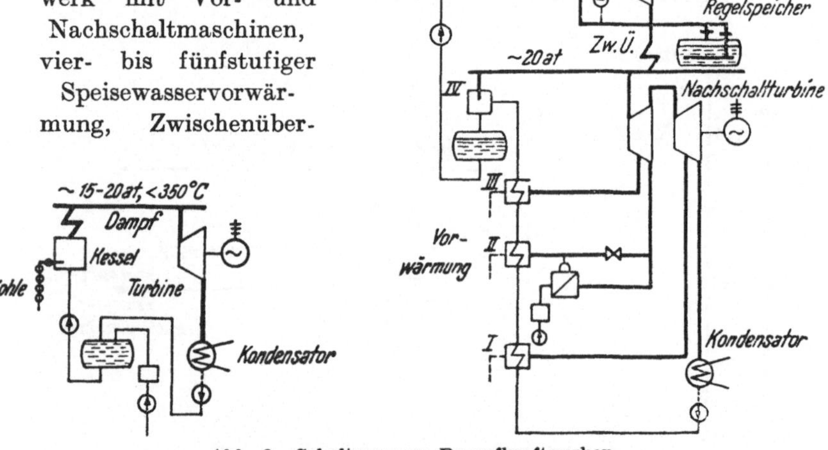

Abb. 2. Schaltung von Dampfkraftwerken.

hitzung und einer sehr sorgfältig durchzuführenden Zusatzwasseraufbereitung gegenüber. Es ist kein Zweifel, daß eine solche Höchstdruckanlage, abgesehen von einem größeren Bauaufwand, schwieriger zu bedienen ist und der vergrößerte Umfang auch eine längere Bauzeit bedingt.

Es ergibt sich nun die Frage, ob die bisher verfolgte Entwicklungsrichtung im Dampfkraftwerksbau in wärmewirtschaftlicher Hinsicht noch eine weitere fühlbare Vervollkommnung erwarten läßt. Sieht man von Zweistoffprozessen wegen ihres ziemlich verwickelten Aufbaues und Betriebes ab, so käme für eine thermische Verbesserung zunächst die Möglichkeit der *Druck- und Temperatursteigerung* in Betracht. In Abb. 3 ist der Wärmeverbrauch je nutzbar abgegebene Kilowattstunde in Abhängigkeit von Frischdampfdruck und Temperatur für eine Schaltung ähnlich dem rechten Schema der Abb. 2 aufgetragen. Die wichtigsten, für die Berechnung zugrunde gelegten Ausgangswerte sind unter dem Schaubild angegeben. Man kann aus den Kurven schließen, daß eine Drucksteigerung von 110 aut 160 at vor der Turbine in der wärmewirtschaftlichen Auswirkung einer Erhöhung der Überhitzungstemperatur von 500 auf 550° C gleichkommt. Der Einfluß einer Temperatursteigerung ist jedenfalls der überwiegende. Die Berechnungen ergaben auch, daß unter Annahme eines unverminderten Dampfdurchsatzes durch die Turbine die Drucksteigerung nur bis zu einem gewissen, von der Frischdampftemperatur abhängigen Drucke eine Verminderung des Wärmeverbrauches bringt, darüber hinaus steigen die Werte wieder an. Eine weitere thermische Verbesserung läßt sich durch eine Erhöhung der Zwischenüberhitzungstemperatur auf 550 bis 600° C erreichen [1][1], es wird sich hiebei aber die Verwendung eines besonders beheizten Zwischenüberhitzers nicht vermeiden lassen.

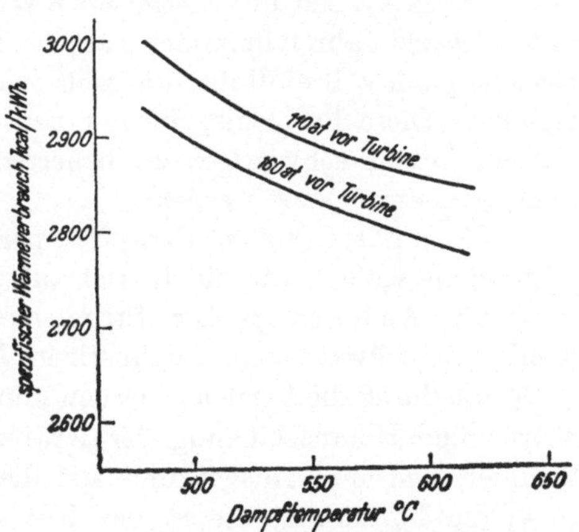

Abb. 3. Spezifischer Wärmeverbrauch je 110 kV-seitig nutzbar abgegebene kWh in Abhängigkeit von Frischdampfdruck und Temperatur.

Kondensatordruck 0·07 ata Zwischenüberhitzung auf 425° C Zweiwellenanordnung. Dampfdurchsatz durch die Vorschaltturbine 215 t/h Speisewasservorwärmung vierstufig auf 190° C.

Eine noch größere Komplikation würde die Anwendung einer

[1] Die Zahlen in [ ] beziehen sich auf die am Schluß angeführte Literatur.

zweistufigen Zwischenüberhitzung zur Folge haben, die trotz ihres zusätzlichen thermischen Nutzens deswegen kaum praktische Bedeutung erlangen dürfte.

Die Steigerung der Frischdampftemperatur ist eine Materialfrage. Sie wird durch die bei höheren Temperaturen fühlbar werdende Dampfspaltung begrenzt.

Das Ergebnis dieser Betrachtungen kann man dahingehend zusammenfassen, daß der Dampfprozeß wohl noch eine thermische Verbesserung zuläßt, sich aber der Grenze seiner Entwicklungsfähigkeit nähert, über die hinaus der zusätzliche Aufwand nicht mehr durch den Nutzen aufgewogen wird.

2. Neuzeitliche Anforderungen an die Wärmestromerzeugung.

Die Entwicklung des Dampfkraftwerksbaues wurde außer durch das Bestreben, den thermischen Wirkungsgrad zu verbessern, in den letzten Jahren in immer stärkerem Maße durch verschiedene Gesichtspunkte beeinflußt, die sich von der Brennstoffseite her ergaben. Diese Probleme, die mit den vorhandenen technischen Mitteln immer schwieriger zu beherrschen waren, können, wie folgt, gekennzeichnet werden:

1. die mit steigenden Dampftemperaturen zunehmende Verschmutzungsgefahr für die Kessel auf der Rauchgasseite,
2. die Abdrängung der Stromerzeugung auf ballastreiche Kohle mit teilweise sehr ungünstigen Ascheneigenschaften,
3. die durch die Verfeuerung von minderwertigen Brennstoffen notwendige Heranschiebung der Kraftwerke an die Kohlenvorkommen und ihre Auswirkung auf die Kühlwasserbeschaffung,
4. die Forderung, die in der Kohle enthaltenen Wertstoffe vor der Verbrennung zu gewinnen.

Wie der Vergleich neuzeitlicher Hochdruckkessel für Überhitzungstemperaturen von 480 bis 500° C mit Niederdruckkesseln für eine Überhitzung von 360 bis 380° C zeigt, hat unter selbst ähnlichen Konstruktionsvoraussetzungen und Betriebsbedingungen die *Verschmutzung der Kessel* mit steigenden Dampftemperaturen zugenommen, wobei zweifellos die höheren Rohrwandtemperaturen besonders im Überhitzerteil von Einfluß sind, die der Neigung von Schlacken mit niedrigen Erweichungstemperaturen anzubacken, entgegenkommen. Die dadurch auch bei Kohlen mit verhältnismäßig niedrigem Aschengehalt notwendig werdende häufigere Reinigung der Kessel machte sich besonders mit der Vergrößerung der Kesseleinheiten immer unangenehmer bemerkbar, da wegen der längeren Abkühlungsdauer großer

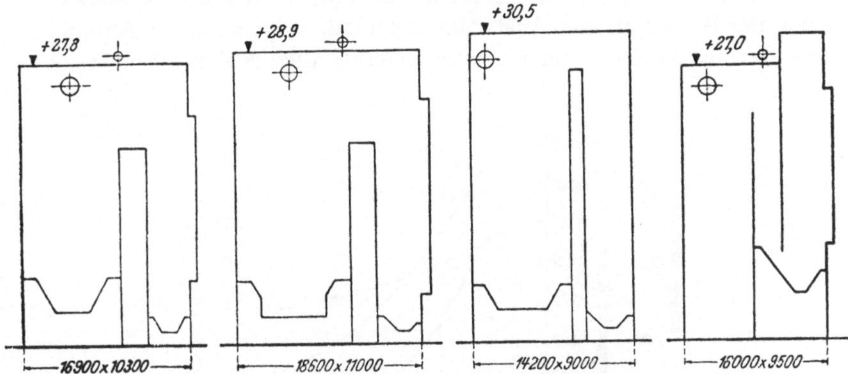

Abb. 4. Vergleich von Braunkohlenkesseln mit Staubfeuerung.

	A	B	C	D
Bestelljahr	1937	1939	1943	1943
Dampfzustand	67 atü, 500° C	125 atü, 500° C	125 atü, 500° C	80 atü 500° C
Leistung	160 t/h	200 t/h	145 t/h	80 t/h
Feuerraumbelastung	110.000 kcal/m^3/h	129.000 kcal/m^3/h	160.000 kcal/m^3/h	95.000 kcal/m^3/h
Temp. vor Überhitzer	1050° C	1020° C	960° C	870° C
Gewicht		1604 t	1185 t	980 t
Gewicht /t Dampf		8 t/t Dampf	8·2 t/t Dampf	12·4 t/t Dampf
umbauter Raum	4850 m^3	5910 m^3	4636 m^3	3450 m^3
umb. Raum /tDampf	30·3 m^3/t Dampf	29·5 m^3/t Dampf	32 m^3/t Dampf	43 m^3/t Dampf
Aschengeh. d. Kohle	6—10%	6—10%	1—12%	30—35%

Kessel längere Reinigungszeiten erforderlich wurden und außerdem auch die Höhe des Leistungsausfalles stärker ins Gewicht fiel. Man versuchte diesem Übelstande dadurch entgegenzuwirken, daß man neben einer stärkeren Auflockerung der Überhitzer-Heizflächen die Brennkammer-Austrittstemperatur mit einer entsprechenden Sicherheitsspanne unter dem Aschenerweichungspunkt annahm. Die Senkung der Rauchgas Austrittstemperatur aus der Brennkammer hat eine erhebliche Vergrößerung der Feuerräume und damit der Abmessungen des gesamten Kessels zur Folge. Diese Entwicklung wird durch einen in Abb. 4 wiedergegebenen Vergleich neuer Braunkohlenkessel eines großen Stromlieferungsunternehmens veranschaulicht; bei den Kesseln A—C handelte es sich um die Verfeuerung von Kohle mit verhältnismäßig günstigem Aschengehalt und ähnlichen Ascheneigenschaften. Man erkennt die Tendenz, die Brennkammer-Austrittstemperatur zu senken, und die als Folge davon ansteigenden Gewichte und Rauminhalte der Kessel, auf 1 t/h Dampfabgabe bezogen.

Die Abhängigkeit der Kesselabmessungen und Anlagekosten von der Brennkammer-Austrittstemperatur zeigt auch die Abb. 5, in der Ergebnisse einer Untersuchung der *Kohlenscheidungs-*

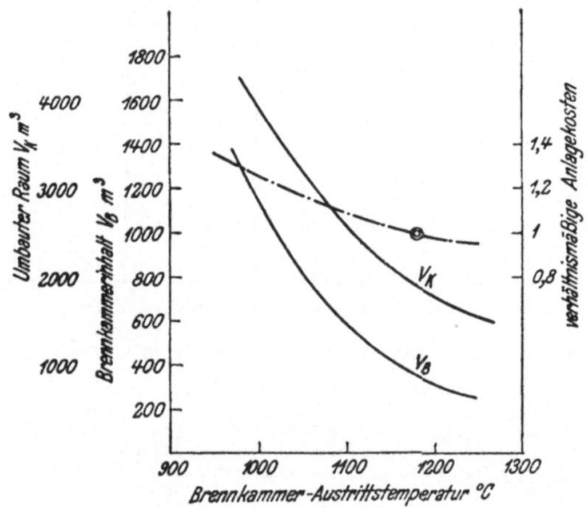

Abb. 5. Abhängigkeit des umbauten Raumes, des Brennkammerinhaltes und der verhältnismäßigen Anlagekosten eines KSG-Kessels mit Kohlenstaubfeuerung von der Brennkammer-Austrittstemperatur der Rauchgase.

Ausgangswerte:	
Kesselleistung	100 t/h
Dampfzustand	80 at, 500° C
Abgastemperatur	180° C
Speisetemperatur	150° C
Luftvorwärmung	300° C
Heizwert der Kohle	7025 kcal/kg

gesellschaft Berlin dargestellt sind. Eine Senkung der Feuerraum-Austrittstemperatur von 1175 auf 975° C bedeutet eine Vergrößerung des umbauten Raumes auf das 2,2fache und eine Verteuerung des Aggregates um rund 30%.

Das Verschmutzungsproblem wird noch fühlbarer, wenn *Brennstoffe mit hohem Aschengehalt* verfeuert werden müssen. Die stärkere Heranziehung minderwertiger Brennstoffe (sogenannter Abfallkohle) für die Stromerzeugung war einerseits auf die Bestrebungen zurückzuführen, mit den vorhandenen Kohlenvorkommen möglichst hauszuhalten und die in Abbau befindlichen Flöze besser auszunützen, andererseits aber auch eine Folge der zunehmenden chemischen Aufschließung der Kohle, für die nur hochwertige Sorten in Frage kommen. Es wurde daher eine weitgehendere Separation notwendig als bisher, so daß der Anfall an ballastreicher Kohle immer größer wurde. Ihre Verfeuerung führte zu noch reichlicher dimensionierten Kesseln (Abb. 4, Beispiel D) mit sehr stark aufgelockerten Heizflächen, wodurch der Bauaufwand erheblich vergrößert wurde. Z. B. betrug der Eisenaufwand für Kessel eines 125-at-Braunkohlenkraftwerkes, die für einen niedrigen Aschenerweichungspunkt ausgelegt werden mußten, rund 40 % des Eisenbedarfes für die gesamte Kraftwerksanlage. Daneben ist aber auch mit einem erhöhten Betriebsaufwand für Kesselreinigung, Mühlenverschleiß usw. zu rechnen. Außerdem wird mit steigendem Aschengehalt und zunehmender Größe des Werkes die Frage der Rauchgasreinigung und der Beiseiteschaffung bzw. der Unterbringung der großen Aschenmengen immer bedeutungsvoller und verursacht erhebliche zusätzliche Kosten [2]. Ein besonderes Problem bildet die Beseitigung des in Elektrofiltern anfallenden, besonders feinkörnigen Flugstaubes, die bei nicht zementierenden Eigenschaften der Asche auch aus hygienischen Gründen ziemlich kostspielige Vorkehrungen erfordert. Für ein bestimmtes Bauvorhaben wurde ermittelt, daß die Mehrkosten, die durch Verfeuerung einer Kohle mit 30 % Aschengehalt gegenüber einer solchen mit 10 % Aschengehalt entstehen, etwa 40 bis 50 RM je kW ausmachen.

Da für minderwertige Brennstoffe ein Transport über größere Entfernungen aus wirtschaftlichen Gründen nicht in Frage kommt, so muß ihre Verwertung möglichst in Grubennähe erfolgen. Dies hat nicht nur Auswirkung auf die Gestaltung des Übertragungsnetzes, sondern auch auf die *Kühlwasserbeschaffung.* Sowohl die Braunkohlenreviere als auch die großen Steinkohlengebiete sind ausgesprochen wasserarm. Man muß dabei bedenken, daß z. B. für ein 300-MW-Höchstdruckkraftwerk der Verdunstungsverlust bei Rückkühlbetrieb in der Größenordnung von etwa 840 m^3/h liegt. Diese Menge ist für die Wasserwirtschaft des betreffenden Gebietes verloren. Es handelt sich also nicht nur um die Heranschaffung der erforderlichen Wassermenge, sondern auch um die Folgen der Entnahme für die allgemeine Wasserversorgung, die der stärkeren Anhäufung von Kraftwerken in solchen Gebieten Grenzen setzt. Die Forderung, minderwertige Kohle zur Stromerzeugung zu verwerten, auf der einen Seite, die Schwierigkeiten der Kühlwasserbeschaffung auf der anderen Seite stellen den planenden Ingenieur vor eine Aufgabe, die vielfach nur mit Hilfe kostspieliger Maßnahmen (Kühlwasserfernleitungen, Kohlentransport über eigene Kohlenbahnen usw.) gelöst werden kann.

Für die *chemische Aufschließung* der Kohle im großen in Schwel- und Hydrieranlagen kommen in erster Linie Sorten in Frage, deren Bitumengehalt über etwa 5 bis 7% liegt, um wirtschaftlich tragbare Verhältnisse zu erhalten. Es wird aber auch in großen Mengen Kohle gefördert und in Kraftwerken verfeuert, deren Bitumengehalt unter dem genannten Wert liegt, aber doch groß genug ist, um für die Teergewinnung von Interesse zu sein. Eine Nebenproduktengewinnung, vor allem die Ausscheidung des Teeres, wurde daher auch hier angestrebt, weshalb immer stärker die Forderung erhoben wurde, die Wärmekraftwerke mit zusätzlichen Einrichtungen zur Nutzbarmachung der in der Kohle enthaltenen Wertstoffe auszurüsten. Es wurde die Aufgabe gestellt, Verfahren und Schaltungen zu entwickeln, die in möglichst einfacher Weise und mit geringem Aufwand die Teergewinnung gestatten.

Abseits von diesen brennstoffwirtschaftlichen Problemen liegt noch ein Punkt, das ist die *Bedienungsfrage.* Wie schon im ersten Abschnitt erwähnt, mußte der im Dampfkraftwerksbau erzielte wärmewirtschaftliche Fortschritt durch einen immer verwickelter werdenden Aufbau der Anlagen erkauft werden. Es wuchsen daher die Ansprüche an das fachliche Können des Kraftwerkspersonals, die sich in einer sorgfältigen Auswahl und längeren Anlernzeit auswirkten, ohne dadurch Bedienungsfehler und Ausfälle, die in der größeren Unübersichtlichkeit ihre Ursache haben, ganz vermeiden zu können. Es ist daher verständlich, daß von Seite des Betriebes der Wunsch laut wurde, wieder zu einem einfacheren Aufbau der Stromerzeugungsanlagen zu gelangen.

Vielleicht mag mancher Leser die Probleme als zu abstrakt gesehen empfinden. Gewiß werden sich soundsoviele Beispiele anführen lassen, in denen diese Schwierigkeiten nicht oder zumindest nicht so ausgeprägt in Erscheinung traten, die somit den Eindruck erwecken könnten, als würde die heutige Form der kalorischen Stromerzeugung den Ansprüchen genügen. Ein solcher Standpunkt mag für den ausführenden Ingenieur tragbar sein, der die Aufgabe hat, eine Anlage nach dem letzten technischen Stand zu entwerfen, nicht aber für den wissenschaftlich eingestellten, dem technischen Fortschritt dienenden Ingenieur. Er muß immer wieder die gestellte Aufgabe in ihrer Wandelbarkeit mit den gegebenen Lösungsmöglichkeiten vergleichen, ihre Schwächen klar erkennen und Wege suchen, die eine bessere Anpassung an die Gegebenheiten als das bisher Erreichte zulassen und, wenn möglich, das Tor zu einer technischen Weiterentwicklung öffnen. Dazu ist es aber erforderlich, die Voraussetzungen in ihrer Gesamtheit zu erkennen. In diesem Sinne mögen die in diesem Abschnitte erörterten Punkte als Versuch gewertet werden, das Grundsätzliche herauszustellen.

3. Die Anpassungsfähigkeit von Dampfkraftwerken an die gestellten Anforderungen und ihre Grenzen.

Die hier angedeuteten Probleme werden aller Voraussicht nach auch in der Zukunft Bedeutung haben. Man wird an ihnen nicht vorbeigehen können, sondern sich mit ihnen befassen und Wege zu ihrer Lösung suchen müssen. Prüft man die Wege, die gangbar sind und die technischen Mittel, die sich auf Grund bisheriger Entwicklungsarbeiten abzeichnen, so zeigen sich verschiedene Möglichkeiten, den Dampfprozeß und die erforderlichen Einrichtungen an die gestellten Forderungen anzupassen.

Um die Schwierigkeiten zu mildern, die die *hohen Dampftemperaturen* und die *Verfeuerung ballastreicher Kohle* mit sich bringen, wurde versucht, Dampferzeuger zu schaffen, die unter Vermeidung der Verschmutzung kleiner und billiger werden und den Abzug der Asche in einer Form gestatten, die den Abtransport und die Unterbringung erleichtert. Als Möglichkeiten hiezu wurden angesehen:

1. der Schmelzkammerkessel,
2. die *Szikla-Rozinek*-Schwebegasfeuerung,
3. die Vergasung der Kohle.

Die *Schmelzkammerfeuerung* [3] bezweckt, die Asche *vor* der Berührungsheizfläche des Kessels auszuscheiden und sie in möglichst stückiger Form zu gewinnen. Sie ist dadurch gekennzeichnet, daß die Temperatur im Feuerraum über dem Schmelzpunkt der Asche liegt und die Asche in flüssigem Zustande aus

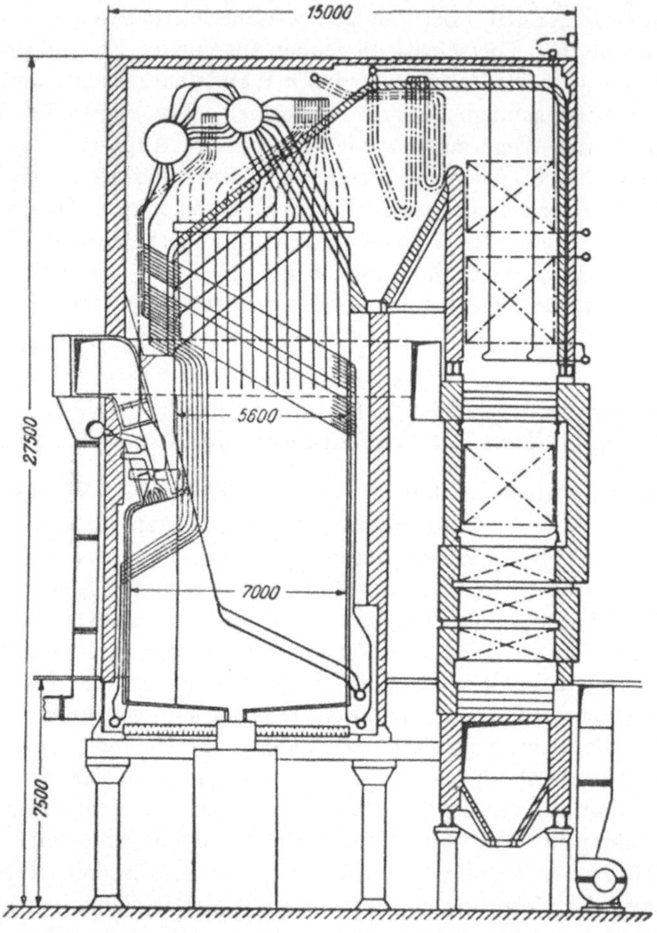

Abb. 6. Schmelzkammerkessel. Erste Brünner Maschinenfabrik 64 atü, 125 t/h, 500° C.

dem Feuerraum abgezogen wird. Durch Abschrecken erhält man die Asche in stückiger und daher leichter verwertbarer Form. Einen Schmelzkammerkessel neuerer Bauart zeigt Abb. 6. Die Erfahrungen mit den bisher in Betrieb befindlichen Anlagen ergaben, daß man bis etwa 50% der Asche vor der Heizfläche ausscheiden kann. Vielleicht läßt eine technische Vervollkomm-

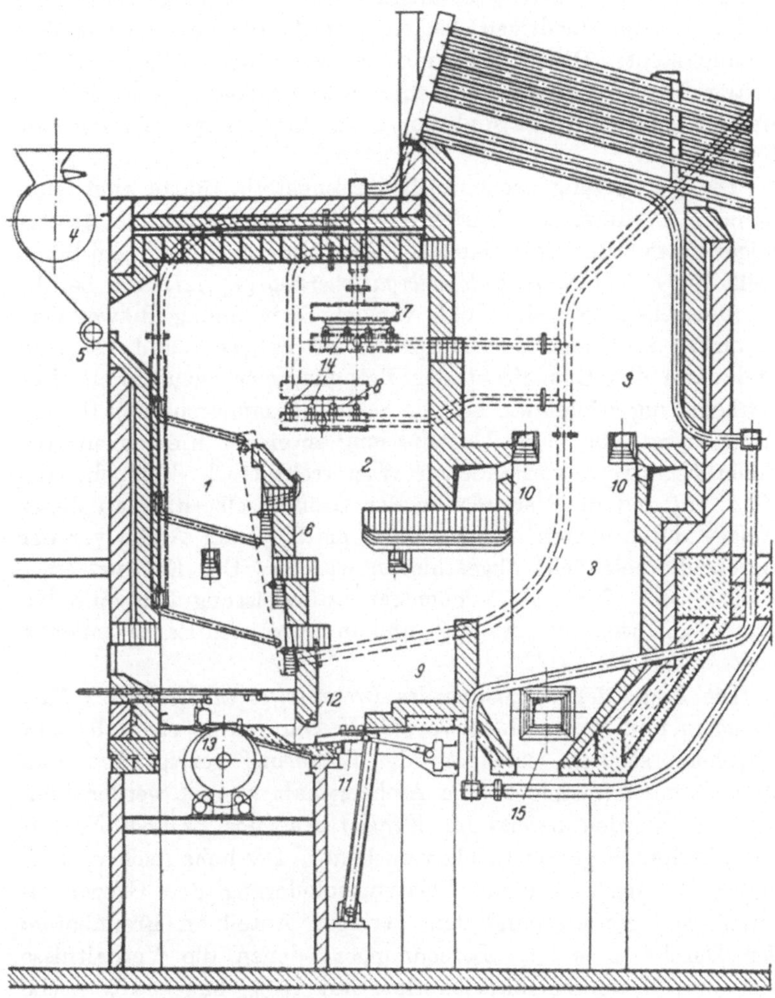

Abb. 7. Schwebevergaser. Bauart Szikla-Rozinek.

nung der Schmelzkammerfeuerung noch eine Erhöhung dieser Werte zu. Es wurden Wirkungsgradgewinne gegenüber normalen Staubkesseln bis zu etwa 3% erzielt. Die Regelfähigkeit der

Schmelzkammerfeuerung ist auf Teillasten von 50 bis 70%, je nach Kohlenbeschaffenheit, beschränkt. Sie ist also anwendbar, wenn keine zu großen Belastungsänderungen zu beherrschen sind und Kohle mit niedrigen Aschen-Schmelztemperaturen zur Verfügung steht. Dieser Weg mildert wohl die Aschenschwierigkeiten, führt aber nicht zu leichteren und billigeren Kesseln. Sie werden schwerer und sind um etwa 25% teurer als normale Staubkessel.

Die Verwertung aschenreicher Brennstoffe führte auch zum näheren Studium der Verfeuerung des Brennstoffes in gasförmiger Form unter einem Kessel. Einen Vorschlag in diesem Sinne stellt die *Szikla-Rozinek-Schwebegasfeuerung* [4] dar. Sie beruht auf dem Gedanken, die Kohle vor der Verbrennung in zwei Vorkammern in einem Kreislaufprozeß zu entgasen und vergasen und dann das Gas direkt der Brennkammer zuzuführen. Der Aschenabzug erfolgt wie bei der Schmelzkammerfeuerung flüssig. Abb. 7 zeigt eine Versuchsausführung an einem in einem ungarischen Kraftwerk vorhandenen Wasserrohrkessel. Versuche, die *Gumz* [5] und die Vereinigung der Großkesselbesitzer an dieser Anlage durchführten, ergaben, daß bis 80% der Asche vor der Berührungsheizfläche abgeschieden wurden. Der Entwurf eines 40-at-Kessels für 50 t/h höchster Dauerleistung ließ eine Ersparnis an Eisen um etwa 10% und an umbautem Raum um etwa 40% erwarten.

Die Frage der *Vergasung des Brennstoffes in besonderen Gaserzeugern* und Verwendung von Gaskesseln wurde ebenfalls sehr eingehend studiert, nachdem die Erfahrung gezeigt hat, daß auch Brennstoffe mit hohem Aschengehalt vergast werden können. So wurden bereits im *Winkler-Generator* Brennstoffe mit 40% Asche mit gutem Erfolg verarbeitet. Der hohe Aschengehalt verursacht deshalb keine Leistungsminderung der Gasgeneratoren, weil entsprechend dem geringen Anteil an Brennbarem der Durchsatz steigt. Berechnungen, denen die Verhältnisse von zwei Braunkohlenkraftwerken mit 10%, bzw. 30% Asche zugrunde gelegt wurden, ergaben, daß der zulässige Gas*mehr*preis 0,325 bzw. 0,386 RM/10^6 kcal betragen darf, wenn der Dampfgestehungspreis der gleiche sein soll wie bei direkter Verfeuerung der Kohle im Kessel. Bei diesen Vergleichen waren normale Drehrostgeneratoren und Gaskessel mit natürlichem Umlauf vorausgesetzt worden. Im allgemeinen ist aber der Aufwand für die Vergasung größer als die genannten Zahlen, so daß dieses Verfahren nur tragbar ist, wenn es bei bitumenreicher Kohle mit der Teergewinnung verbunden werden kann. Wie an anderem Orte [2] dargelegt wurde, ergaben sich jedoch bei einer Kombination von *Druck*gasgeneratoren und Kesseln mit Druckfeuerung (Velox-Dampferzeuger) wesentlich günstigere Verhältnisse als bei atmosphärischer Vergasung in Verbindung mit normalen Kesseln. Die günstigeren Bedingungen sind zum Teil auf den geringeren Eigenbedarf und den Anfall einer Überschußleistung aus der Hilfs-Gasturbine zurückzuführen. Auf diese Möglichkeit wird später noch zurückgekommen, da sie als eine Zwischenstufe zwischen dem Dampf- und dem Gasturbinenprozeß angesehen werden kann.

Um die Kühlwasserschwierigkeiten zu vermeiden, wurde die Entwicklung der *Luftkondensation* [6] gefördert. Einige kleinere Anlagen sind bereits ausgeführt worden. Die erforderliche Luftmenge beträgt das 5- bis 5,5fache der bei Kaminkühlern üblichen Werte. Sie haben eine entsprechend große Gebläseleistung zur Folge, die z. B. bei 75-MW-Maschinenleistung etwa mit 1500 kW angesetzt werden kann. Die bis heute bekannten Konstruktionen, die hinsichtlich des erreichbaren Vakuums etwa den Kaminkühlern gleichwertig sind, haben den Nachteil eines sehr großen Platzbedarfes und Materialaufwandes (5 t Eisen/t Dampf), so daß sie für größere Anlagen nicht in Frage kommen können. Ihre Einführung auf breiter Basis setzt konstruktiv grundsätzlich neue Wege voraus.

Die *Gewinnung der Wertstoffe* aus der Kohle wäre bei der Druck- oder Schwelvergasung mit einfachen Mitteln ohne nennenswerten zusätzlichen Aufwand möglich. Es wurden auch Verfahren für die sogenannte *Vorsatzschwelung* sowohl von körniger als auch von staubförmiger Kohle studiert [2], die die Vorschaltung von Schwelern vor den Kesseln unter direkter Aufgabe des heißen Kokses auf die Feuerung zum Gegenstande haben.

Die Entschwefelung und Schwefelgewinnung ist bei Vergasung der Kohle ebenfalls durchführbar.

Eine Vereinfachung des Aufbaues der Anlagen und *Erleichterung der Bedienung* konnte jedoch nicht erreicht werden. Die hier dargelegten Möglichkeiten lassen in letzterer Hinsicht sogar noch höhere Ansprüche erwarten.

Dieser kurze Überblick über die angestellten Erwägungen und beschrittenen Wege läßt erkennen, daß es wohl möglich erscheint, den *einzelnen* Problemen beizukommen und brauchbare Lösungen zu finden; sie bringen aber keinesfalls eine Vereinfachung des Prozesses oder eine Verringerung des Aufwandes. Eine nüchterne Betrachtung wird zum Schlusse kommen, daß sich die Umwandlung der kalorischen in elektrische Energie über den Zwischenzustand des Dampfes den immer vielseitiger werdenden Anforderungen nur schwierig und nur unter Zuhilfenahme von zusätzlichen Einrichtungen mehr oder weniger vollkommen anpassen läßt.

II. Der Gasturbinenprozeß.

4. Übersicht über die grundsätzlichen Schaltungen.

Die in den vorliegenden Abschnitten geschilderten Verhältnisse lassen es als erstrebenswert erscheinen, neue Wege zu suchen, die sich den neuzeitlichen Anforderungen an die Wärmestromerzeugung besser anpassen und wärmewirtschaftlich möglichst da anknüpfen, wo heute der Dampfprozeß steht, aber in der Einfachheit der Schaltung an den alten Niederdruckprozeß herankommen. Solche Aussicht scheint der *Gasturbinenprozeß* zu bieten, nachdem es gelungen ist, Verdichter mit hohem Wirkungsgrade zu bauen.

Die Einführung des Gasturbinenprozesses auf breiter Basis setzt die Verfeuerung von Kohle und anderen festen Brennstoffen voraus, da die Beschränkung auf Gas oder Öl den Anwendungsbereich zu sehr einengen würde. Eine Beurteilung der zur Verfügung stehenden Verfahren muß also der Erfüllbarkeit dieser grundsätzlichen Forderung besondere Beachtung schenken. Bevor jedoch die Möglichkeit der Verfeuerung fester Brennstoffe untersucht wird, sei ein Überblick über die verschiedenen wichtigeren Verfahren und Schaltungen gegeben und deren technische und wirtschaftliche Bedeutung erörtert. In Abb. 8 wurde versucht, die grundsätzlichen Schaltungen von Gasturbinenanlagen schematisch darzustellen. Als Ausgangspunkt für die verschiedenen Schaltungsarten dienen die beiden Grundprozesse, und zwar:

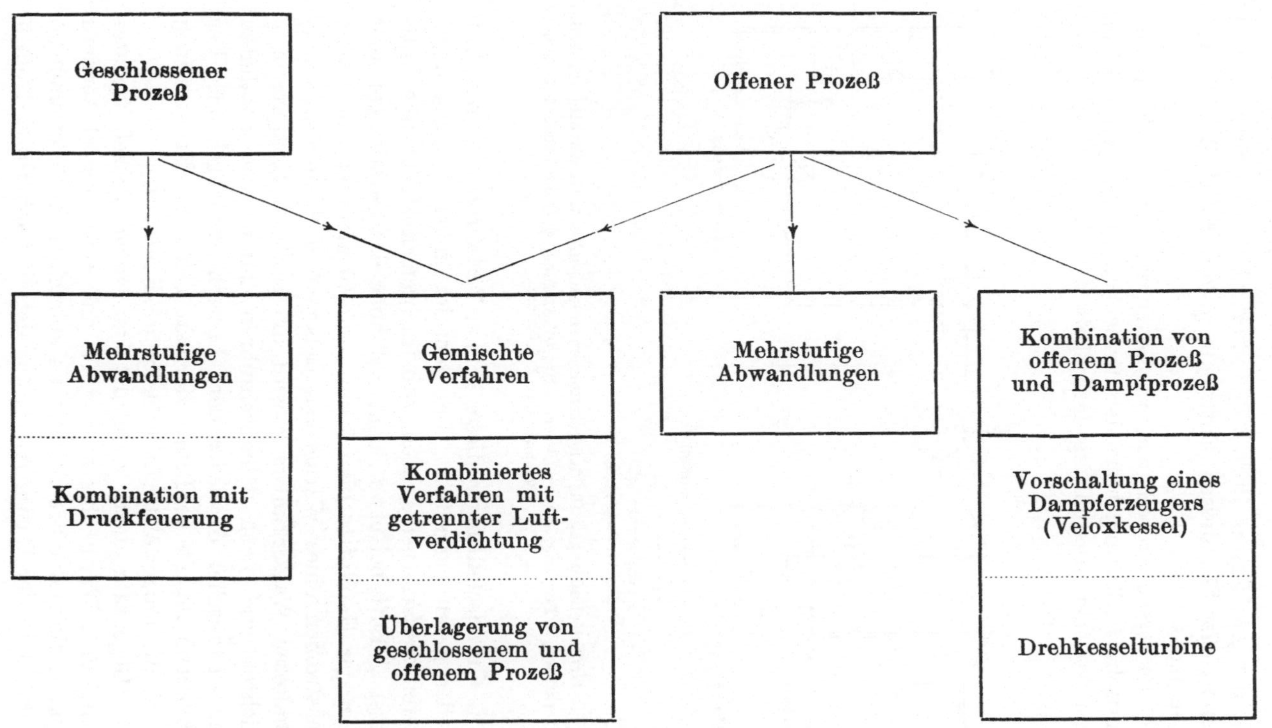

Abb. 8. Übersicht über die grundsätzlichen Schaltungen von Gasturbinenanlagen.

1. der *geschlossene* Prozeß (aerodynamisches Verfahren) nach *Ackeret-Keller* [7], dessen Entwicklung von EWC, Zürich, aufgenommen wurde;

2. der *offene* Prozeß, der, abgesehen von einigen, heute nur historische Bedeutung habenden Versuchen, zuerst von BBC bis zur praktischen Ausführung entwickelt wurde.

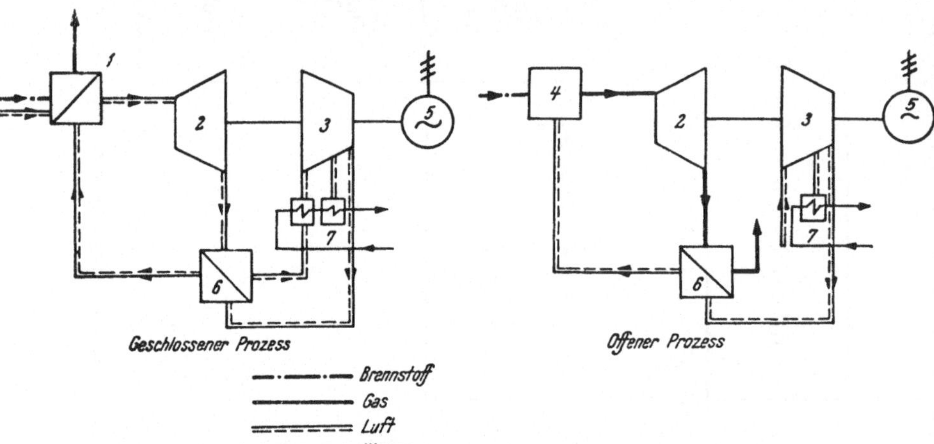

Abb. 9. Grundschaltungen für den geschlossenen und offenen Gasturbinenprozeß. *1* Lufterhitzer, *2* Turbine, *3* Verdichter, *4* Brennkammer, *5* Generator, *6* Wärmeaustauscher, *7* Kühler

Die Grundschaltungen dieser beiden Verfahren sind in Abb. 9 einander gegenübergestellt. Bei dem im linken Schema angedeuteten *geschlossenen* Prozeß wird im brennstoffbeheizten Lufterhitzer *1* Luft bei etwa 30 at auf hohe Temperatur gebracht und in der Heißluftturbine *2* auf rund 10 at entspannt. Nach Durchströmen eines Wärmeaustauschers *6* und eines dahintergeschalteten Wasserkühlers *7* wird die Luft im Kompressor *3* verdichtet und nach Hindurchführen durch den erwähnten Wärmeaustauscher *6* wieder dem Lufterhitzer zugeleitet. Der geschlossene Prozeß verdient, wie man sieht, mit Recht seinen Namen; die umgewälzte Luft bleibt im Kreislauf.

Im Gegensatz dazu vermeidet der *offene* Prozeß (rechtes Schema) eine Wärmeübertragung auf das Arbeitsmittel, sondern entspannt die in der Brennkammer *4* entstehenden Verbrennungsgase direkt in der Gasturbine *2*, aus der sie nach Durchströmen eines Wärmeaustauschers *6* ins Freie austreten. Im Wärmeaustauscher *6* wird die vom Verdichter *3* angesaugte Verbrennungsluft vorgewärmt.

Sowohl der geschlossene als auch der offene Prozeß, die in Abb. 9 in ihrer einfachsten Form dargestellt wurden, lassen, wie im Schema Abb. 8 angedeutet, mehrstufige Abwandlungen mit Zwischenüberhitzung des Arbeitsmittels zu, die besonders beim offenen Verfahren für größere Anlagen praktisch ausgeführt wurden und in den folgenden Abschnitten noch erörtert werden.

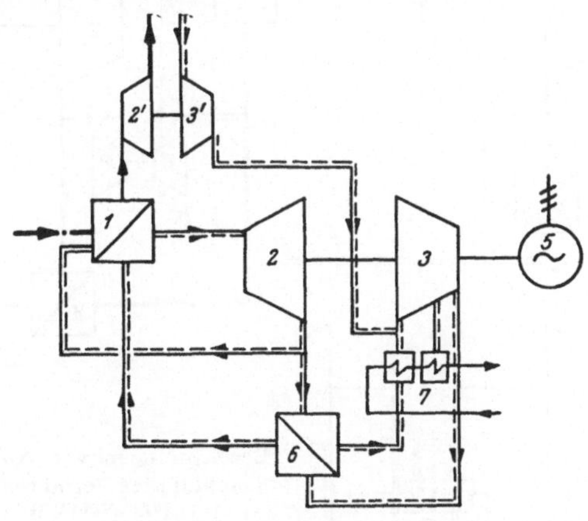

Abb. 10. Geschlossener Prozeß mit Druckfeuerung.
1—*7* wie Abb 9, *2'* Abgasturbine, *3'* Vorverdichter

Beim geschlossenen Prozeß ist hier noch auf eine Abwandlung hinzuweisen, die bei Verwendung eines *Lufterhitzers mit Druckfeuerung* interessant ist. Diese von der Gebrüder Sulzer A. G., Winterthur, vorgeschlagene Schaltung ist in Abb. 10 dargestellt. Der mit der in Abb. 9 dargestellten Grundschaltung übereinstimmende, geschlossene Luftkreislauf wird hinter der Heißluftturbine *2* angezapft. Die entnommene Druckluft dient als Verbrennungsluft für den Lufterhitzer *1*. Um das Druckgefälle der Verbrennungsgase auszunützen, wird hinter den Lufterhitzer noch die Abgasturbine *2'* geschaltet. Mit ihr ist der Vorverdichter *3'* gekuppelt, der die aus dem Kreislauf entnommene Verbrennungsluftmenge ersetzt. Wie noch im 5. Abschnitt erläutert wird, soll diese Schaltung gewisse Nachteile der Regelungsweise des ursprünglichen geschlossenen Prozesses vermeiden.

In der Übersicht Abb. 8 sind als zweite Gruppe der Schaltungen die sogenannten *gemischten Verfahren* aufgeführt, die aus der Kombination des offenen und geschlossenen Kreislaufes entstanden sind. Zwei Vorschläge sind in Abb. 11 wiedergegeben. Die linke, von den *SSW* studierte Schaltung beruht auf dem Gedanken, die offene Gasturbine nur als Nutzleistungsmaschine

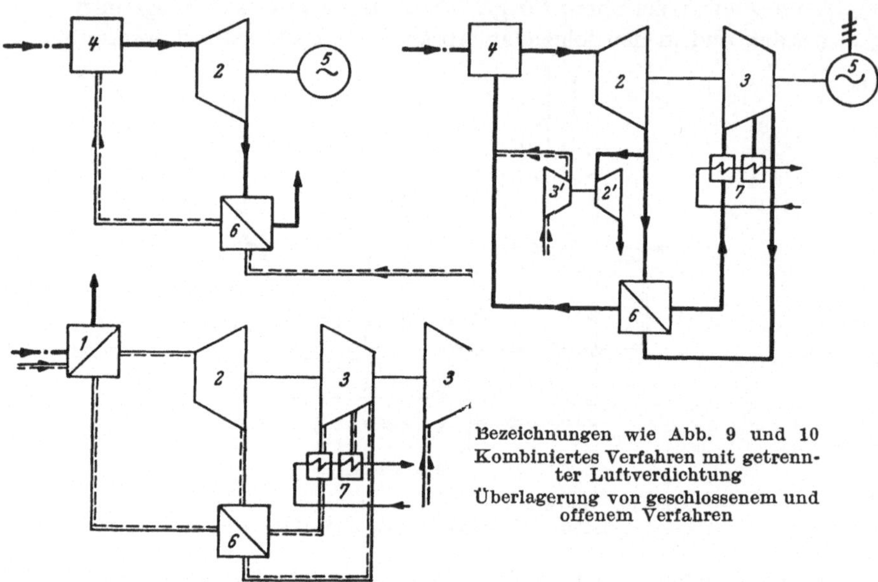

Bezeichnungen wie Abb. 9 und 10
Kombiniertes Verfahren mit getrennter Luftverdichtung
Überlagerung von geschlossenem und offenem Verfahren

Abb. 11. Gemischte Verfahren.

zum Antrieb des Stromerzeugers *5* zu verwenden und den Verdichter für die Verbrennungsluft mit einer nach dem geschlossenen Verfahren arbeitenden Maschinengruppe zu kuppeln. Die Brennkammer *4* der offenen Gasturbine und der Lufterhitzer *1* des geschlossenen Kreislaufes liegen parallel. Im Gegensatz dazu stellt die von *Westinghouse* vorgeschlagene, rechts dargestellte Schaltung [9] eine Überlagerung der beiden Grundprozesse dar. Der Brennstoff wird hier wie beim offenen Verfahren der Brennkammer *4* zugeführt und leistet in der Gasturbine *2*, die den Verdichter *3* und den Generator *5* antreibt, Arbeit. Der größte Teil der Gase strömt durch den Wärmeaustauscher *6* und den nachgeschalteten Wasserkühler *7* dem Luftverdichter *3* zu und wird von diesem über den Wärmeaustauscher *6* der Brennkammer *4* zugedrückt. Der bisher beschriebene Kreislauf ist mit dem geschlossenen Prozeß wesensgleich; der Unterschied besteht nur darin, daß als Umlaufmittel keine reine Luft, sondern stark verdünntes Verbrennungsgas verwendet wird. Diesem geschlossenen Kreislauf ist ein offener Prozeß überlagert. Hinter der Turbine *2* wird ein Teil der Gase abgezweigt und über die Turbine *2'* ins Freie geführt. Diese Turbine treibt den Vorverdichter *3'* an, der die erforderliche Verbrennungsluft aus dem Freien ansaugt und in den Kreislauf vor der Brennkammer *4* drückt. Diese Schaltung verdient für die Weiterentwicklung des Gasturbinenprozesses und seine praktische Anwendung, vor allem für die Elektrizitätserzeugung, Beachtung. Ihre Vorzüge und auch nicht ganz zu übersehenden Nachteile werden noch im siebenten Abschnitt näher dargelegt.

Die letzte Gruppe der Schaltungsmöglichkeiten (Abb. 8) erfaßt die Kombination des offenen Gasturbinen- und Dampfprozesses. Als der ursprüngliche Vertreter dieser Schaltungsweise ist der druckgefeuerte *Velox-Dampferzeuger* [10] anzusehen, der den Anstoß zur Weiterentwicklung der offenen Gasturbine gab. Während beim Veloxkessel die Dampferzeugung den Primärzweck darstellt und der Gasturbinensatz als Hilfsaggregat anzusehen ist, ist bei dem in der Abb. 12 links dargestellten Vorschlag die Dampferzeugung nur in dem Umfang vorgesehen, der zur Herabsetzung der Temperatur der Verbrennungsgase auf die für das Material der Gasturbinenschaufeln zulässige Temperatur noch notwendig ist. Dem Gasturbinenprozeß ist ein Dampfprozeß parallel geschaltet, dessen Anteil an der gesamten Leistungserzeugung sich also nach der zugrunde gelegten Eintrittstemperatur an der Gasturbine richtet.

Das in der Abb. 12 rechts gezeichnete, von *Vorkauf* vorgeschlagene Verfahren [11] geht davon aus, eine hohe Eintrittstemperatur der Verbrennungsgase in die Gasturbine zuzulassen und die Schaufeln der Gasturbine nach dem von *Hüttner* vorgeschlagenen Drehkesselprinzip zu kühlen. Der im Kühlsystem der Gasturbine *2* erzeugte Dampf leistet in der Dampfturbine *9* Arbeit. Die Dampfturbine, die hier mit dem Gasturbinenaggregat gekuppelt gezeichnet wurde, könnte jedoch auch mit einem

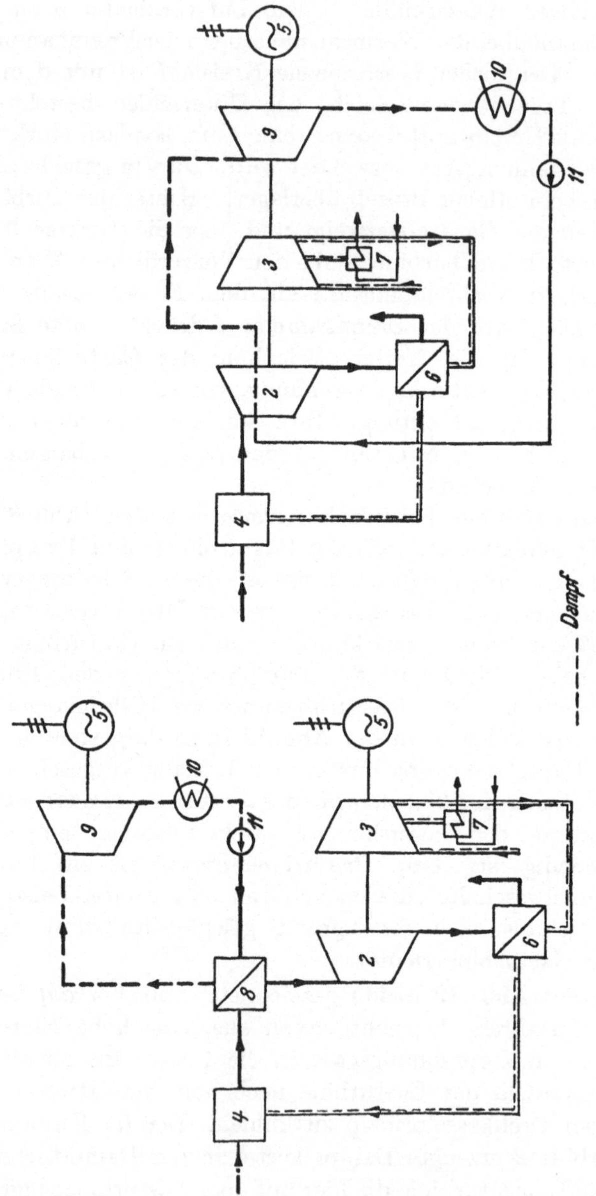

Abb. 12. Kombinationen des offenen Gasturbinenprozesses mit dem Dampfprozeß. *8* Dampferzeuger, *9* Dampfturbine, *10* Kondensator, *11* Pumpe. Übrige Bezeichnungen wie Abb. 9.

Stromerzeuger oder dem Verdichter *3* als besonderes Aggregat zusammengebaut werden.

Neben den hier behandelten Schaltungen findet sich vor allem in der Patentliteratur eine Unzahl von Vorschlägen, die ihnen gegenüber mehr oder weniger große Abwandlungen aufweisen. Eine breitere Erörterung dieser Schaltungen würde im Rahmen dieser Studie zu weit führen. Es genügte für ihren Zweck, ausgehend von den beiden Grundprozessen für die verschiedenen Kombinationsmöglichkeiten Beispiele herauszustellen, da es hier in erster Linie darauf ankommt, sich über deren grundsätzliche Bedeutung für die Einführung des Gasturbinenprozesses und über die am meisten Aussicht bietenden Wege ein Bild zu machen.

5. Der geschlossene Gasturbinenprozeß.

Der in Abb. 9 links dargestellte geschlossene Gasturbinenprozeß wurde in verschiedenen Veröffentlichungen von *Ackeret* und *Keller* [7, 8] in seinen Auswirkungen eingehend untersucht. Ein Vorzug gegenüber der heute üblichen Anwendungsform des Dampfprozesses ist ohne Zweifel sein einfacherer Aufbau und das Arbeiten mit einem reinen Umlaufmittel. Die bei Höchstdruckdampfanlagen erforderlichen Einrichtungen zur Zusatzwasseraufbereitung fallen hier weg. Nach den Studien von *Ackeret* und *Keller* ist der geschlossene Prozeß bis zu sehr großen Turbinenleistungen anwendbar. Turbinenseitig wären Leistungen von 100 MW in Einwellenanordnung bei einem Anfangsdruck von 30 at erreichbar.

Bei Betrachtungen über die Aussichten dieses Verfahrens für die Elektrizitätserzeugung interessiert in erster Linie der *Kupplungswirkungsgrad*. Zu seiner Ermittlung wird auf die Berechnungen der beiden genannten Verfasser zurückgegriffen. Die von diesen in Abhängigkeit von der Anfangstemperatur, dem Druckverlust und dem Temperaturunterschied im Wärmeaustauscher ermittelten Werte für den inneren Wirkungsgrad des Verfahrens bedürfen insofern einer Ergänzung, als ein Kreisprozeß mit isothermischer Verdichtung zugrunde gelegt wurde, der aber praktisch nicht erreichbar ist. Nimmt man eine polytropische Verdichtung mit zweistufiger Rückkühlung an, so verschlechtern sich die von *Ackeret* und *Keller* errechneten Wirkungsgradwerte um etwa 6 %. Berücksichtigt man noch die mechanischen Wirkungsgrade von Verdichter und Turbine mit je 98,5 %, so erhält man die in Abb. 13 eingezeichneten Kurven

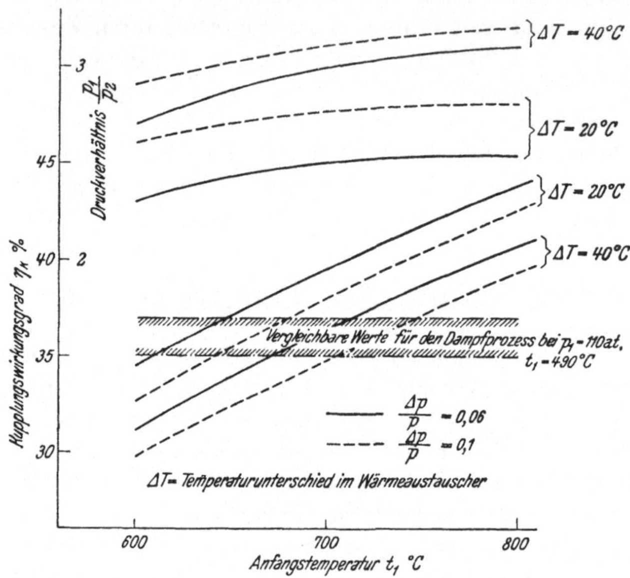

Abb. 13. Kupplungswirkungsgrad und wärmewirtschaftlich günstigstes Verhältnis $\frac{\text{Anfangsdruck } p_1}{\text{Enddruck } p_2}$ beim geschlossenen Prozeß in Abhängigkeit von der Anfangstemperatur t_1, dem Temperaturunterschied im Wärmeaustauscher Δ T und dem Druckverlust $\frac{\Delta\, p}{p}$ unter Zugrundelegung von Angaben von *Ackeret* und *Keller* (7)

Thermodynamischer Wirkungsgrad des Verdichters .... 85 %
Thermodynamischer Wirkungsgrad der Turbine .... 88 %
mechanischer Wirkungsgrad von Verdichter und Turbine je .... 98 %
Endtemperatur nach dem Wasserkühler .... 20° C

für den Kupplungswirkungsgrad η_K. Die Kurven erfassen den reinen Nutzeffekt des Verfahrens und enthalten nicht die Wärmeverluste des Lufterhitzers und den Energieverbrauch irgendwelcher Hilfsantriebe. Sie sind also mit dem Kupplungswirkungsgrade von Dampfprozessen, auf die Turbine bezogen, vergleichbar, dessen Größenordnung für eine neuzeitliche Höchstdruckanlage mit Zwischenüberhitzung und vierfacher Speisewasservorwärmung im Schaubild gleichfalls angedeutet wurde. Die Wirkungsgrade des geschlossenen Gasturbinenverfahrens sind sehr stark vom Verhältnis Anfangsdruck p_1 zu Enddruck p_2 abhängig und erreichen bei einem bestimmten Verhältnis $\frac{p_1}{p_2}$ einen günstigsten Wert. Die Wirkungsgrade sind für diese optimalen Druckverhältnisse, die in der Abb. 13 gleichfalls eingetragen sind, be-

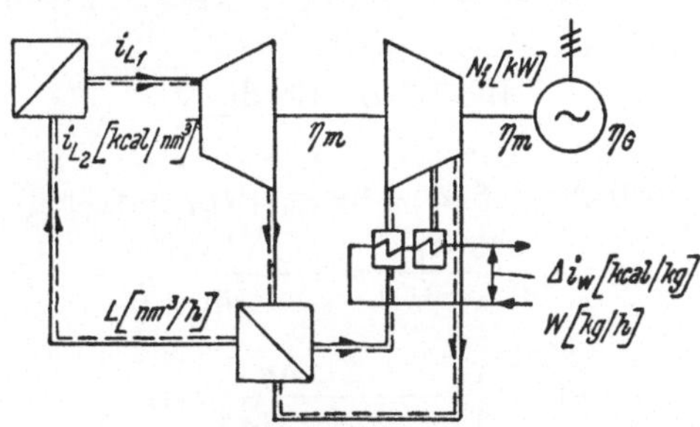

Abb. 14. Schema zur Aufstellung der äußeren Wärmebilanz für den geschlossenen Gasturbinenprozeß.

stimmt worden. Die Kurven zeigen auch den großen Einfluß der Druckverluste innerhalb des Luftkreislaufes und des Temperaturunterschiedes im Wärmeaustauscher. Seine Bemessung ist also für die Wirtschaftlichkeit des Verfahrens von wesentlicher Bedeutung. Glaubt man, einen Druckverlust von 10 % erzielen zu können, so würde der Wirkungsgrad des geschlossenen Prozesses dem Dampfprozeß bei einem Temperaturgefälle im Wärmeaustauscher von $\Delta T = 40^0$ C über etwa 720° C, bei einem Werte $\Delta T = 20^0$ C dagegen über etwa 660° C überlegen sein.

Neben den Wirkungsgraden ist auch der *Materialaufwand* vom Druckverhältnis abhängig. Nach den Arbeiten von *Ackeret* und *Keller* ergibt sich für Anfangstemperaturen von 600 bis 800° C ein kleinstes Bauvolumen zwischen $\frac{p_1}{p_2} = 3{,}5 - 3{,}8$. Die wirtschaftlichste Auslegung wird also zwischen diesen und den in der Abb. 13 eingetragenen Werten zu suchen sein und bei Anlagen ohne Zwischenüberhitzung der Luft im Mittel bei 2,8 — 3,3 liegen.

Ein wichtiger Gesichtspunkt ist, wie im 2. Abschnitt dargelegt wurde, die mögliche *Kühlwassereinsparung* gegenüber dem Dampfprozeß. Um über diese einen Anhalt zu gewinnen, wird von der äußeren Wärmebilanz des Prozesses ausgegangen. Mit den in Abb. 14 verwendeten Bezeichnungen kann diese unter Vernachlässigung der Abstrahlungsverluste der Maschinen, Rohrleitungen und Wärmeaustauscher, wie folgt, aufgestellt werden:

$$860 \cdot N_i + W \cdot \Delta\, i_W = L\,(i_{L_1} - i_{L_2}) \qquad [\mathrm{kcal}/h]$$

Setzt man

$$W = \xi \cdot L \quad [\mathrm{kg/h}]$$

so wird

$$860 \cdot N_i + \xi \cdot L \cdot \Delta\, i_W = L\,(i_{L_1} - i_{L_2}) \quad [\mathrm{kcal}/h]$$

$$\eta_i = \frac{860 \cdot N_i}{L(i_{L_1} - i_{L_2})} = 1 - \frac{\xi \cdot \Delta\, i_W}{i_{L_1} - i_{L_2}}$$

und

$$\eta_K = \left(1 - \frac{\xi \cdot \Delta\, i_W}{i_{L_1} - i_{L_2}}\right) \eta_m \tag{1}$$

Daraus errechnet sich

$$\xi \cdot \Delta\, i_W = (i_{L_1} - i_{L_2}) \left(1 - \frac{\eta_K}{\eta_m}\right) \qquad [\mathrm{kcal/nm^3}]$$

Für den Vergleich mit dem Kühlwasserbedarf von Dampfkraftwerken interessiert jedoch der spezifische Verbrauch je an den Generatorklemmen abgegebene kWh. Bezeichnet man mit η_G den Generatorwirkungsgrad, so kann man für den spezifischen Kühlwasserbedarf je kWh die Formel aufstellen:

$$\frac{W}{N_{kl}} = \frac{860 \cdot \xi}{\eta_G \cdot \eta_K \cdot (i_{L_1} - i_{L_2})} \qquad [\mathrm{l/kWh}]$$

Durch Einsetzen von

$$\frac{\xi}{i_{L_1} - i_{L_2}} = (1 - \eta_K) \cdot \frac{1}{\Delta\, i_W}$$

wird

$$\frac{W}{N_{Kl}} = \frac{860}{\eta_G \cdot \eta_K \cdot \Delta\, i_W} \left(1 - \frac{\eta_K}{\eta_m}\right) \qquad [\mathrm{l/kWh}] \tag{2}$$

Setzt man $\eta_m = 0{,}985 \cdot 0{,}985 = 0{,}97$
$\eta_G = 0{,}965$

$\Delta\, i_W = 26$ kcal/kg, so kann für die aus Abb. 13 zu entnehmenden Werte für η_K der spezifische Kühlwasserverbrauch errechnet werden. Er ist in Abhängigkeit von der Anfangstemperatur in Abb. 15 eingetragen. Man erkennt den starken Einfluß der Anfangstemperatur. Während der Kühlwasserbedarf bei einer Lufterhitzung auf 600° C je nach dem Druckverlust im Kreislauf und dem Temperaturunterschied im Wärmeaustauscher zwischen 64 und 80 l/kWh beträgt, liegt er bei einer Anfangstemperatur von 800° C zwischen 43 und 60 l/lkWh.

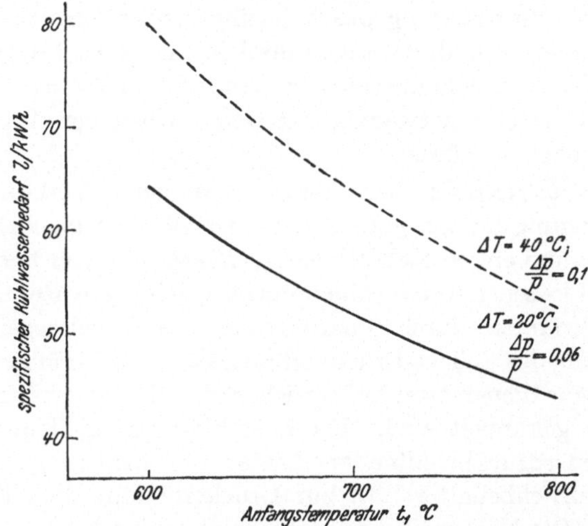

Abb. 15. Spezifischer Kühlwasserbedarf beim geschlossenen Verfahren in Abhängigkeit von der Anfangstemperatur t_1, vom Druckverlust $\frac{\Delta p}{p}$ und dem Temperaturunterschied Δ T im Wärmeaustauscher. Aufwärmung des Kühlwassers zu 26° C angenommen.

Demgegenüber beträgt der Kühlwasserverbrauch bei einem 125-at-Höchstdruck-Dampfkraftwerk rund 160 l/kWh. Der geschlossene Gasturbinenprozeß bringt somit eine sehr erhebliche Senkung des Kühlwasserbedarfes gegenüber dem Dampfprozeß. Man muß dabei aber beachten, daß die Verringerung der *Kühlwasser*menge in erster Linie auf die beim geschlossenen Gasturbinenprozeß mögliche größere Aufwärmung des Kühlwassers zurückzuführen ist, die hier mit 26° C angenommen wurde, während sie beim Dampfkraftwerk 8 bis 10° C beträgt. Bei gleichem Kupplungswirkungsgrad ist nämlich die im Kühlwasser abzuführende *Wärme*menge beim Dampfprozeß und beim geschlossenen Gasturbinenprozeß dieselbe.

Die Untersuchungen bezogen sich auf eine einstufige Expansion entsprechend der in Abb. 9 links gezeichneten Schaltung. Grundsätzlich ist auch beim geschlossenen Gasturbinenprozeß eine *mehrstufige Expansion mit Zwischenüberhitzung* der Luft möglich, wodurch eine Annäherung der Expansion an die Isotherme erreicht wird. Eine einfache Zwischenüberhitzung auf die Ausgangstemperatur würde im Temperaturbereich von etwa 700 bis 800° C eine Verbesserung des Wirkungsgrades um etwa 10 bis 12 % bringen. Allerdings wäre ähnlich wie beim Dampfprozeß mit Rauchgaszwischenüberhitzung eine Rückführung der Luft in den Lufterhitzer notwendig, die den Aufbau der Anlage verwickelter machen würde.

Für die *betriebliche* Beurteilung eines neuen Verfahrens zur Stromerzeugung ist die gute *Anpassungsfähigkeit an Belastungsänderungen* und ein wirtschaftlicher *Teillastbetrieb* von Bedeutung. Beim geschlossenen Gasturbinenprozeß erfolgt die Regelung im *Gleitdruckverfahren* durch Veränderung des Druckpegels unter Beibehaltung des Vollast-Druckverhältnisses. Zur Veränderung des Druckniveaus dienen zwei Luftspeicher, die über einen besonderen Verdichter gekuppelt sind. Bei Lastabfall strömt Kreislaufluft in den Niederdruckbehälter, bei Lastanstieg wird umgekehrt aus dem Hochdruckbehälter Luft zur Druckerhöhung dem Kreislauf zugeleitet. Die Nachregelung geschieht dann durch entsprechende Veränderung der Brennstoffzufuhr zum Lufterhitzer. Als Vorteile dieser Regelungsweise sind der Wegfall aller gesteuerten Einlaßorgane an den Maschinen und der durch den wirklich idealen Gleitdruckbetrieb, bei dem nicht nur der Anfangs-, sondern auch der Enddruck verhältnisgleich gesenkt wird, erzielbare günstige Teillastwirkungsgrad zu nennen, der höher als beim Dampfprozeß liegt. Demgegenüber darf aber nicht übersehen werden, daß bei Werken mit häufigen Lastwechseln, wie sie bei Frequenzbetrieb auftreten, der Leistungsverlust durch das Entspannen und Wiederverdichten der Regelluft recht fühlbar wird und den Gesamtwirkungsgrad ungünstig beeinflussen kann, abgesehen davon, daß in solchen Fällen verhältnismäßig große Luftbehälter oder eine höher installierte Leistung des zwischen den Behältern liegenden Verdichters notwendig wird.

Aus dem Bestreben, den Vorteil des Gleitdruckbetriebes auf verhältnismäßig hohem Druckniveau beizubehalten, aber den soeben geschilderten Nachteil zu vermeiden, ist die in Abb. 10 gezeigte Schaltung entstanden, die bei den Lufterhitzern mit Druckfeuerung anwendbar ist. Der Druckpegel wird durch die Maschinengruppe 2′ — 3′, die als Aufladeaggregat angesehen werden kann, eingestellt. Diese Schaltung ist daher als eine recht interessante Abwandlung des geschlossenen Verfahrens anzusehen.

6. Der offene Gasturbinenprozeß.

Beim offenen Gasturbinenprozeß werden die durch *Druckverbrennung* entstehenden Gase *direkt* der Turbine zugeführt, in der sie durch Entspannung auf annähernd atmosphärischen Druck Arbeit leisten. Abgesehen davon, daß die mechanischen

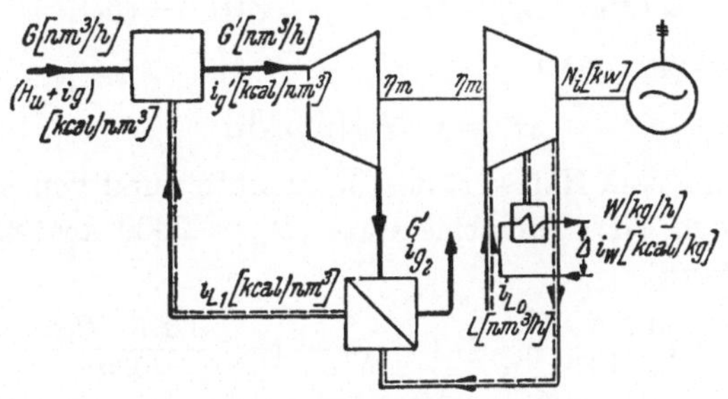

Abb. 16. Schema zur Aufstellung der äußeren Wärmebilanz für den offenen Gasturbinenprozeß.

(Asche) und chemischen Verunreinigungen (Schwefel) die Haltbarkeit der Turbinenteile und des Lufterhitzers ungünstig beeinflussen, ergibt sich hieraus ein wesentlicher Unterschied gegenüber dem geschlossenen Prozeß: Während es bei diesem durch die indirekte Übertragung der Verbrennungswärme auf die als Arbeitsmittel dienende Luft möglich ist, ihre Austrittstemperatur aus dem Lufterhitzer beliebig festzulegen, entspricht beim offenen Prozeß die Temperatur des Arbeitsmittels der Verbrennungstemperatur. Um diese auf die für die Turbinenbaustoffe zulässigen Höchstwerte herabzusetzen, werden beim offenen Prozeß die Verbrennungsgase durch Beimischung von Luft gekühlt. Bezeichnet man in Anlehnung an Abb. 16 mit

G die Rohgasmenge [nm³/h]

H_u den unteren Heizwert des Rohgases [kcal/nm³]

i_g den Wärmeinhalt des Rohgases [kcal/nm³]

i_g' den Wärmeinhalt der Verbrennungsgase entsprechend der Anfangstemperatur t_1 [kcal/nm³]

G' die Verbrennungsgasmenge [nm³/h]

L_K die zur Erreichung der Anfangstemperatur t_1 erforderliche Kühlluftmenge [nm³/h]

i_{L1} den Wärmeinhalt der Luft hinter dem Wärmeaustauscher [kcal/nm³]

i_L' den Wärmeinhalt der Luft entsprechend der Anfangstemperatur t_1 [kcal/nm³]

so läßt sich die notwendige Kühlluftmenge L_K aus folgender Gleichung ermitteln:

$$G(H_u + i_g) = G' \cdot i_g' + L_K (i_L' - i_{L1}) \qquad \text{[kcal/h]}$$

Für G' kann man

$$G' = \nu \cdot G \quad \text{[nm}^3\text{/h]}$$

setzen, wobei ν vom Heizwert des Brennstoffes und vom Luftüberschuß abhängig ist. Für arme Gase ($H_u < 3000$ kcal/nm³) z. B. gilt nach *Rosin*

$$\nu = \frac{0{,}725 \cdot H_u}{1000} + 1 + (n - 1) \cdot \frac{0{,}875 \cdot H_u}{1000}$$

Hierin bedeutet n die Luftüberschußzahl. Aus der angeführten Gleichung erhält man:

$$\frac{L_K}{G} = \lambda_K = \frac{(H_u + i_g) - \nu \cdot i_g'}{i_L' - i_{L1}} \quad \text{[nm}^3\text{/nm}^3\text{]} \qquad (3)$$

In Abb. 17 ist diese Formel für eine Gasturbinenanlage *ohne* Zwischenüberhitzung ausgewertet worden. Das Diagramm zeigt für die angegebenen Voraussetzungen die Abhängigkeit des Kühlluftbedarfes λ_K, des Verbrennungsluftbedarfes λ_V und des Gesamtluftbedarfes von der Anfangstemperatur. Man erkennt, daß mit abnehmender Anfangstemperatur der Kühlluftbedarf sehr rasch zunimmt und sehr hohe Werte erreicht. Je höher der Heizwert und Wärmeinhalt des Rohgases und die Temperatur der vorgewärmten Luft (i_{L1}), also die Ausnützung der Abgase im Wärmeaustauscher ist, um so größer wird der spezifische Kühlluftbedarf λ_K. Würde man eine *Zwischenüberhitzung* des Gases in der Weise vornehmen, daß bei einem geeigneten Zwischendruck in einer zweiten Brennkammer Rohgas in dem Luft-Verbrennungsgasgemisch verbrennt und dieses nahe an die Anfangstemperatur gebracht wird, so wird durch diesen Gaszusatz der Wert λ_K erheblich

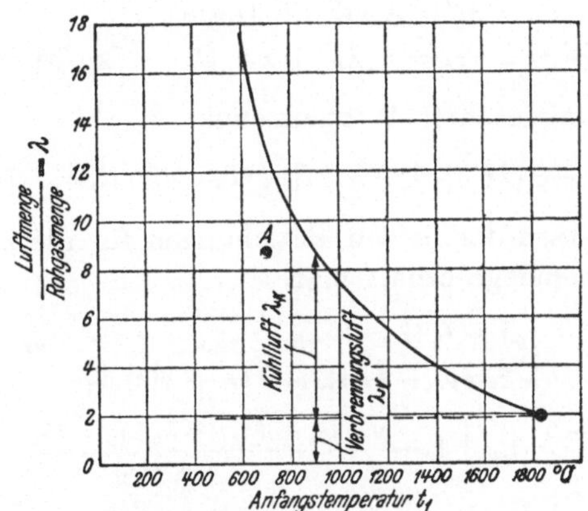

Abb. 17. Verhältnis $\frac{\text{Luftmenge}}{\text{Rohgasmenge}} = \lambda$ in Abhängigkeit von der Anfangstemperatur t_1 vor der Turbine

Annahmen: Keine Zwischenüberhitzung;
Einstufige Zwischenkühlung
$H_u = 1870$ kcal/nm³
$i_g = 100$ kcal/nm³
Ausnützung der Abgase im Wärmeaustauscher 75%
Luftüberschußzahl $n = 1{,}20$
Temperatur der angesaugten Luft 20° C
Punkt A: Luftverhältnis λ für einfache Zwischenüberhitzung bei $t_1 = 700°$ C; Zwischenüberhitzung auf 650° C.

kleiner (Punkt A für das Beispiel mit einfacher Zwischenüberhitzung in Abb. 17).

Der große Kühlluftbedarf beeinflußt entscheidend den Kupplungswirkungsgrad des offenen Gasturbinenprozesses. Man kann sich über die Auswirkung von λ_K auf den Kupplungswirkungsgrad am zweckmäßigsten durch Aufstellung der äußeren Wärmebilanz ein Bild machen. Nach Abb. 16 läßt sich die *zugeführte* Wärmemenge wie folgt anschreiben:

$$G\,(H_u + i_g) + L \cdot i_{L_0} = G\,(H_u + i_g) + (L_V + L_K) \cdot i_{L_0} = \\ = G\,(H_u + i_g) + G\,(\lambda_V + \lambda_K)\, i_{L_0} \qquad [\text{kcal/h}]$$

Nach *Rosin* beträgt für arme Gase

$$\lambda_V = \frac{L_V}{G} = \frac{0{,}875}{1000} \cdot n \cdot H_u \qquad [\text{nm}^3/\text{nm}^3]$$

Unter Vernachlässigung der Abstrahlungsverluste ergibt sich die *abgeführte* Wärmemenge zu:

$$G' \cdot i_{g_2} + W \cdot \Delta i_w + 860 \cdot Ni \qquad [\text{kcal/h}]$$

setzt man

$$G' = \nu \cdot G \qquad [\text{kg/h}]$$

$$W = \xi \cdot \text{L} = \xi (\lambda_V + \lambda_K) G \qquad [\text{kg/h}]$$

so gilt für die abgeführte Wärmemenge

$$\nu \cdot G \cdot i_{g_2} + \xi (\lambda_V + \lambda_K) \cdot \Delta i_w \cdot G + 860 \, N_i \qquad [\text{kcal/h}]$$

Durch Gleichsetzen der beiden Beziehungen für die zu- und abgeführte Wärmemenge erhält man

$$G (H_u + i_g) + G (\lambda_V + \lambda_K) \cdot i_{L_0} = \nu \cdot G \cdot i_{g_2} + \\ + \xi (\lambda_V + \lambda_K) \Delta i_w \cdot G + 860 \, N_i$$

$$\eta_K = \frac{860 \, N_i \cdot \eta_m}{G (H_u + i_g)} = \eta_m \left[1 - \frac{\nu \cdot i_{g_2} + (\lambda_V + \lambda_K)(\xi \cdot \Delta i_w - i_{L_0})}{H_u + i_g} \right] \qquad (4)$$

Wäre $\lambda_K = O$, d. h. also, würde die Anfangstemperatur t_1 der Verbrennungstemperatur entsprechen, so würde sich der maximal mögliche Kupplungswirkungsgrad des offenen Gasturbinenprozesses $\eta_{K\,\text{max}}$ ergeben. Senkt man die Temperatur t_1, so verschlechtert sich auch der Kupplungswirkungsgrad, dessen Abhängigkeit von der Anfangstemperatur durch den Verlauf der λ_K-Kurve in Abb. 17 wesentlich beeinflußt wird. Die Senkung von λ_K durch Anwendung der Zwischenüberhitzung (s. Abb. 17) hat eine entsprechende Steigerung des Kupplungswirkungsgrades zur Folge, die auch die Aufzeichnung des Gasturbinenprozesses mit und ohne Zwischenüberhitzung im T-s-Diagramm anschaulich erkennen läßt. Der Nutzen der Zwischenüberhitzung nimmt mit steigender Anfangstemperatur ab.

Aus der Formel kann aber noch ein weiterer grundsätzlicher Schluß gezogen werden: Sieht man von der fühlbaren Wärme des Rohgases i_g ab, so sind die Faktoren ν, λ_V und λ_K etwa proportional dem Heizwert H_u. Man sieht, daß demnach die Höhe des Heizwertes H_u praktisch keinen Einfluß auf den Wirkungsgrad des offenen Gasturbinenprozesses ausübt. Im Rahmen der an die Gasbeschaffenheit von der Turbinenseite her zu stellenden Anforderungen spielt also die Höhe des Heizwertes keine Rolle. Diese Erkenntnis ist für die Beurteilung der Eignung verschiedener

Gasgeneratorenbauarten für die Kombination mit einer Gasturbinenanlage von Wichtigkeit.

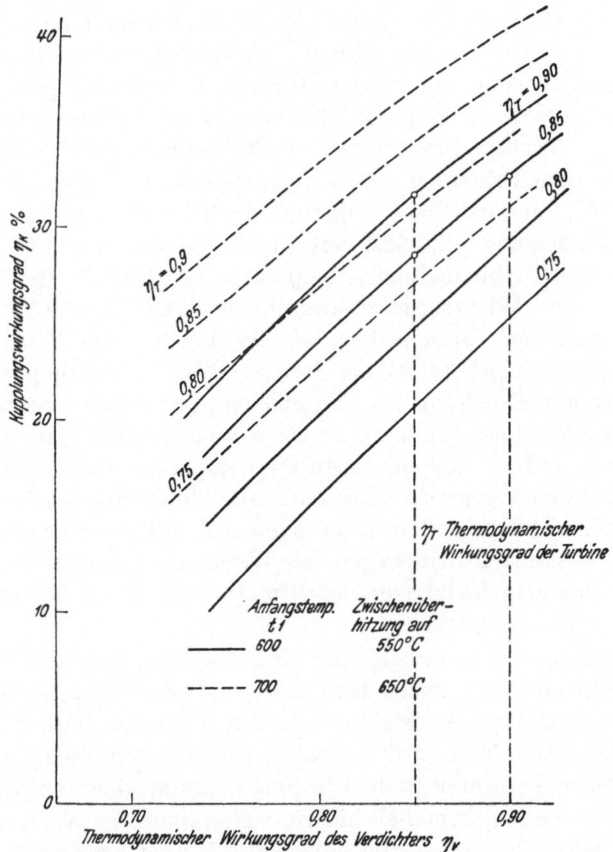

Abb. 18. Abhängigkeit des Kupplungswirkungsgrades einer Gasturbinenanlage von den thermodynamischen Wirkungsgraden der Turbine und des Verdichters nach *BBC*.
Temperatur der angesaugten Luft 20° C
Kühlwassertemperatur 30° C
Einfache Überhitzung
Zweifache Zwischenkühlung
Wärmerückgewinn im Wärmeaustauscher 75%
Anfangsdruck 12 ata.

Für den Kupplungswirkungsgrad einer Gasturbinenanlage bei einer bestimmten Anfangstemperatur t_1 sind die *Maschinenwirkungsgrade* von ausschlaggebender Bedeutung. Vom thermodynamischen Wirkungsgrad des Verdichters ist die im Kühlwasser abzuführende Wärme $\xi \cdot \Delta i_w$, vom Wirkungsgrad der Turbine bei bestimmtem Wärmerückgewinn im Wärmeaustauscher die Abgaswärme i_{g_2} abhängig. In Abb. 18 ist der Zusammenhang zwischen dem Kupplungswirkungsgrad und dem Verdichter- und Turbinenwirkungsgrad eingetragen. Die für die Berechnung gemachten Voraussetzungen sind gleichfalls verzeichnet. Man sieht, daß z. B. einer Verbesserung des Verdichterwirkungsgrades von 85 auf 90% eine Erhöhung des Kupplungswirkungsgrades von 28,5 auf 32,7%, einer gleichen Steigerung des Turbinenwirkungsgrades eine Verbesserung von 28,5 auf 31,7 entsprechen würde. Dies gilt für eine Turbineneintrittstemperatur von 600° C. Bei 700° C würden die Wirkungsgradunterschiede 34,4 auf 37,8 bzw. 37,1% betragen. Man sieht, daß der Einfluß des Verdichterwirkungsgrades größer ist als der des Turbinenwirkungsgrades, daß aber mit Erhöhung der Anfangstemperatur der Unterschied wegen der Verringerung der Luftmenge kleiner wird. Man erkennt aber auch, daß mit steigender Anfangstemperatur der Einfluß der Maschinenwirkungsgrade abnimmt. Die Forderung nach hohen Maschinenwirkungsgraden ist besonders in dem Temperaturbereich, der auf absehbare Zeit wegen des Werkstoffproblemes in Frage kommt, von grundsätzlicher Bedeutung für die Wirtschaftlichkeit des gesamten Aggregates.

Es wurde vorhin bereits die Herabsetzung des spezifischen Kühlluftbedarfes λ_K durch Einführung der Zwischenüberhitzung und deren günstige Auswirkung auf den Kupplungswirkungsgrad hervorgehoben. Man wird sie daher bei größeren Anlagen nach dem offenen Verfahren in dem in Frage kommenden Temperaturbereich anwenden, zumal sie sich in viel einfacherer Weise durchführen läßt als beim geschlossenen Gasturbinenprozeß. Die Anwendung der Zwischenüberhitzung führt zwangsläufig zur *Mehrwellenanordnung*, für die in Abb. 19 zwei Schaltungsbeispiele dargestellt sind. Das *linke* Schema gibt die Schaltung eines Gasturbinenkraftwerkes in Zweiwellenanordnung mit einfacher Zwischenüberhitzung wieder. Aus der Hochdruckbrennkammer *1* tritt das Gas in die Hochdruckturbine *2* und wird in dieser auf einen geeigneten Zwischendruck entspannt. Die Hochdruckgasturbine treibt den Hochdruckverdichter *3* und normalerweise über ein Getriebe den Stromerzeuger *4* an. Die aus der Hoch-

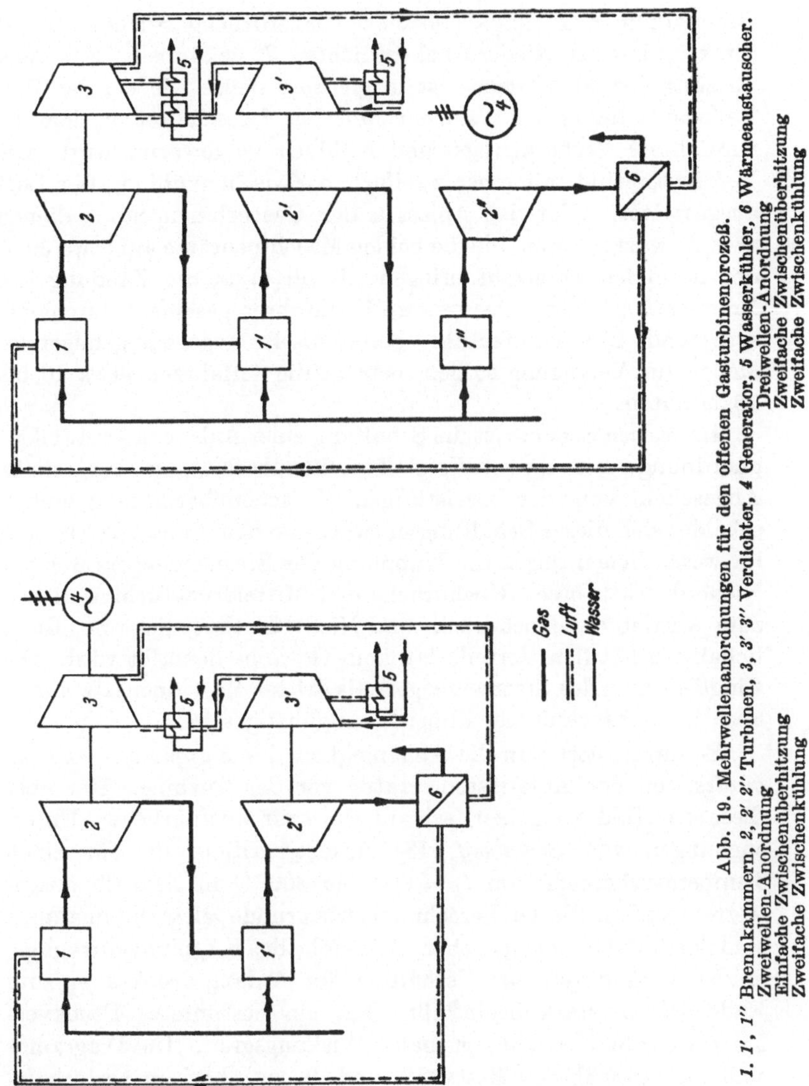

Abb. 19. Mehrwellenanordnungen für den offenen Gasturbinenprozeß.
1, 1', 1'' Brennkammern, *2, 2' 2''* Turbinen, *3, 3' 3''* Verdichter, *4* Generator, *5* Wasserkühler, *6* Wärmeaustauscher.

Zweiwellen-Anordnung
Einfache Zwischenüberhitzung
Zweifache Zwischenkühlung

Dreiwellen-Anordnung
Zweifache Zwischenüberhitzung
Zweifache Zwischenkühlung

druckbrennkammer austretende Abgasmenge wird der Niederdruckbrennkammer *1'* zugeführt. Dort wird Rohgas zugesetzt, das in dem noch reichlich vorhandenen Sauerstoff verbrennt und eine entsprechende Temperatursteigerung hervorruft. Die an die

Brennkammer *1'* angeschlossene Niederdruckgasturbine *2'* ist direkt mit dem Niederdruckverdichter *3'* gekuppelt. Zur Ausnutzung der Abgasmenge ist in gleicher Weise wie bei der Einwellenanordnung der Wärmeaustauscher *6* geschaltet, in dem die verdichtete Verbrennungs- und Kühlluft vorgewärmt wird. Die Verdichter sind mit einer zweifachen Zwischenkühlung der Luft ausgestattet. Für das Anlassen der Gasturbinengruppe dienen zwei Anwurfmotoren, die die beiden Maschinensätze auf etwa 30 % der normalen Drehzahl bringen. Dann kann die Zündung der Brenngase erfolgen. Das weitere Hochfahren geschieht durch entsprechende Brennstoffzufuhr. Sofern die Brenngase in genügender Menge zur Verfügung stehen, beträgt die Anfahrzeit etwa 10 bis 15 Minuten.

Im *rechten* Schema ist die Schaltung einer Anlage in Dreiwellenanordnung mit zweistufiger Zwischenüberhitzung dargestellt. Abgesehen von der zweistufigen Zwischenüberhitzung unterscheidet sich dieser Schaltungsentwurf von dem links gezeichneten im wesentlichen durch die Kupplung des Stromerzeugers mit der Niederdruckturbine. Hochdruck- und Mitteldruckturbine dienen zum Antrieb des Hochdruck- und Niederdruckverdichters. Diese Schaltung hat den Vorteil, daß kein Getriebe benötigt wird. Die Eingliederung des Stromerzeugers als dritter Maschinensatz dürfte aber in regeltechnischer Hinsicht ungünstig sein.

Es interessiert nun die Abhängigkeit des *Kupplungswirkungsgrades* von der Anfangstemperatur vor der Turbine. Um über diese ein Bild zu geben, sei auf die sehr ausführlichen Untersuchungen von *Soderberg* [13] zurückgegriffen, die für einen Temperaturbereich von $t_1 = 600$ bis 800^0 C in Abb. 20 ausgewertet wurden. Die den Berechnungen zugrunde gelegten Annahmen sind der Abbildung beigegeben. Die Höhe des Kupplungswirkungsgrades wird durch das Verhältnis des Anfangsdruckes p_1 zum Enddruck p_2 stark beeinflußt. Für ein bestimmtes Druckverhältnis ergibt sich ein optimaler Wirkungsgrad. Im Diagramm sind die erreichbaren Bestwerte und die zugehörigen wirtschaftlichen Druckverhältnisse eingetragen. Die Wirkungsgradkurven wurden für verschiedene Schaltungen ohne und mit mehrfacher Zwischenüberhitzung und Zwischenkühlung ermittelt, so daß man sich über die wärmewirtschaftlichen Unterschiede zwischen den einzelnen Schaltungsmöglichkeiten ein Bild machen kann. Zum

Vergleich wurden wieder die für 125-at-Dampfkraftwerke erreichbaren Werte, außerdem aber die aus dem Diagramm Abb. 18 für die gleichen Maschinenwirkungsgrade zu entnehmenden Zahlen

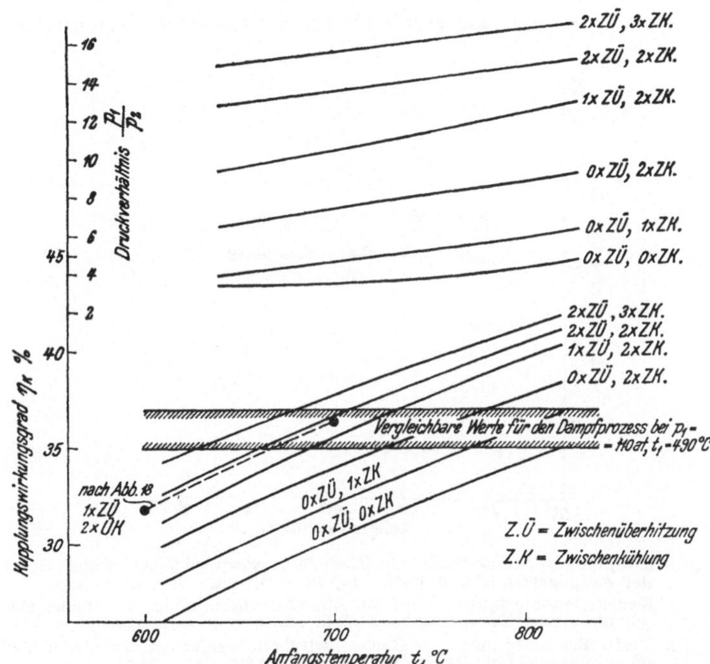

Abb. 20. Kupplungswirkungsgrade und wärmewirtschaftlich günstigstes Verhältnis $\frac{\text{Anfangsdruck } p_1}{\text{Enddruck } p_2}$ beim offenen Prozeß in Abhängigkeit von der Anfangstemperatur t_1 für verschiedene Kreisläufe unter Zugrundelegung der Untersuchungen von *Soderberg* (13).

Ausnützungsgrad des Wärmeaustauschers .... 75 %
mechanischer Wirkungsgrad von Turbine und Verdichter je .... 98 %
thermodynamischer Wirkungsgrad des Verdichters .... 84,7 %
thermodynamischer Wirkungsgrad der Turbine .... 90,8 %

eingetragen, letztere liegen um etwa einen Wirkungsgradpunkt höher als die von *Soderberg* veröffentlichten.

Zur Ergänzung dieser Wirkungsgradangaben sind in Abb. 21 die Kupplungswirkungsgrade in Abhängigkeit von der Anfangstemperatur für zwei Gasturbinenanlagen wiedergegeben, die in ihrem Aufbau den in Abb. 19 gezeichneten Schaltbildern entsprechen. Es handelt sich hier um Aggregate mit Generatorleistungen von 10 bis 12 MW, die für eine Versuchsanlage vorgesehen waren. Diese Kurven dürften den letzten Entwicklungsstand von größeren, ortsfesten Gasturbinenanlagen besser widerspiegeln als die Zahlen von *Soderberg*, die hauptsächlich wegen ihres weitgesteckten Rahmens, der vergleichenden Erfassung verschiedener

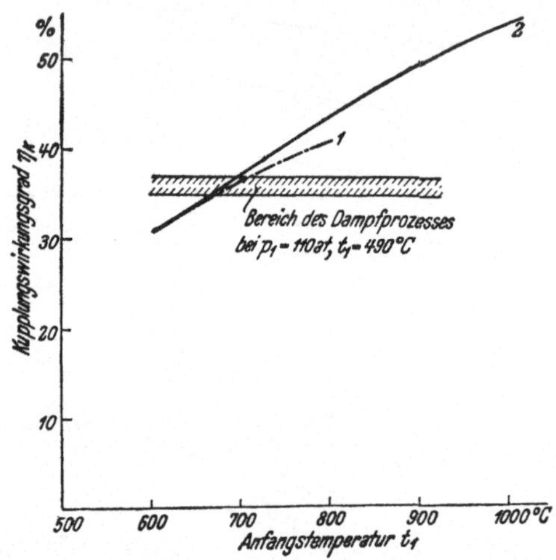

Abb. 21. Kupplungswirkungsgrade von Gasturbinengruppen in Abhängigkeit von der Anfangstemperatur nach Projekten für eine Versuchsanlage.

1. Zweiwellenanordnung, einfache Zwischenüberhitzung, zweifache Zwischenkühlung, Schaltung nach Abb. 19 links, $p_1 = 11$ ata.
2. Dreiwellenanordnung, zweifache Zwischenüberhitznng, zweifache Zwischenkühlung, Schaltung nach Abb. 19 rechts, $p_1 = 20$ ata.

Anordnungen und der Kennzeichnung der sich gegenseitig beeinflussenden Größen von allgemeinem Interesse sind. Nach Abb. 21 ist der Kupplungswirkungsgrad einer Gasturbinenanlage nach dem offenen Verfahren dem eines 125-at-Höchstdruckdampfkraftwerkes bei Anfangstemperaturen über 670° bis 700° C überlegen. Vergleicht man diese Kurven mit den in Abb. 13 für das geschlossene Verfahren aufgezeichneten, so wird man feststellen, daß die für das offene Verfahren geltenden steiler verlaufen, d. h. daß das offene Verfahren mit steigender Anfangstemperatur hinsichtlich des Kupplungswirkungsgrades vorteilhafter wird.

Ähnlich wie beim geschlossenen Prozeß übt auch das Ausmaß des *Wärmerückgewinnes* im Wärmeaustauscher einen großen Einfluß auf den Kupplungswirkungsgrad und das Druckverhältnis aus. Die Abb. 22, in der die Untersuchungen von *Soderberg* ausgewertet wurden, gibt hierüber grundsätzlichen Aufschluß. Es sei besonders auf den Zusammenhang zwischen Wärmerückgewinn und spezifischer Heizfläche des Wärmeaustauschers hingewiesen. Mit Rücksicht auf den Kostenaufwand und die Unterbringung der einen ziemlichen Raum beanspruchenden Apparate wird man über einen Rückgewinn von 75 bis 80% als wirtschaftlichen Mittelwert nicht hinausgehen. Je

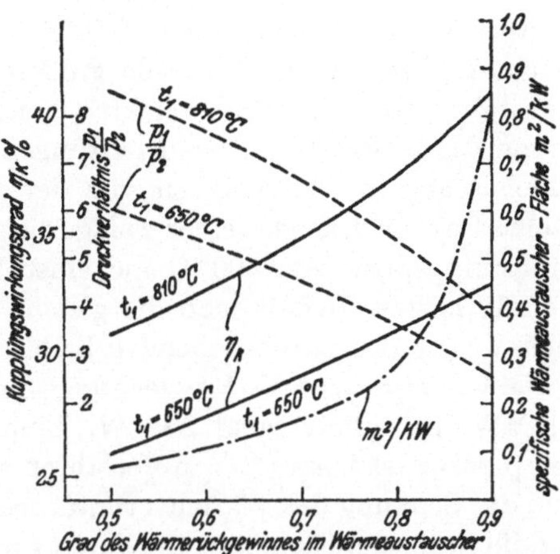

Abb. 22. Kupplungswirkungsgrad η_K, wirtschaftliches Druckverhältnis $\frac{p_1}{p_2}$ und spezifische Wärmeaustauscherfläche in Abhängigkeit vom Grad des Wärmerückgewinnes unter Zugrundelegung der Untersuchungen von *Soderberg* (13) Kreislauf ohne Zwischenüberhitzung, einfache Zwischenkühlung, Wirkungsgrade wie in Abb. 20. Wärmedurchgangszahl k = 20 kcal/m². h. °C angenommen.

höher der Ausnützungsgrad der Abgaswärme getrieben wird, um so niedriger liegt der wirtschaftlichste Eintrittsdruck. Für eine Anfangstemperatur von 810° C liegt er für einen Rückgewinnungsgrad von 0,5 bei 8,5 at, für einen solchen von 0,8 bei 5,3 at. Es ist sehr wichtig, bei Planung einer Gasturbinenanlage diese Zusammenhänge zu beachten und den Ausnützungsgrad der Abgase, die Anzahl der Zwischenüberhitzungsstufen und den Eintrittsdruck so aufeinander abzustimmen, daß der größte wirtschaftliche Nutzeffekt erreicht wird.

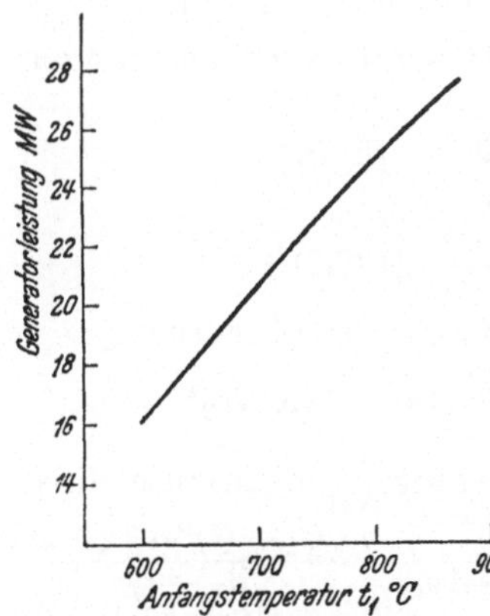

Abb. 23. Abhängigkeit der Klemmenleistung einer Gasturbinenanlage von der Anfangstemperatur Grundlage: Gleichbleibende Gasturbinenleistug, einfache Zwischenüberhitzung, zweifache Zwischenkühlung

Der große Kühlluftbedarf bei den heute erreichbaren Anfangstemperaturen ist nicht nur mit Rücksicht auf den Wirkungsgrad nachteilig, er führt auch zu sehr großen Turbinen und Verdichtern bei verhältnismäßig kleinen elektrischen Leistungen und beschränkt damit die ausführbaren Grenzleistungen. In Abb. 23 ist die Klemmenleistung in Abhängigkeit von der Anfangstemperatur dargestellt. Dabei wurde von einer Anlage ausgegangen, die bei einer Anfangstemperatur von 600° C und einstufiger Zwischenüberhitzung 16 MW leistet. Behält man die gleiche Gasturbine bei, so erhöht sich wegen des zurückgehenden Kühlluftbedarfes mit steigender Anfangstemperatur die Nutzleistung. Sie beträgt bei 700° C knapp 21 MW, bei 800° C rund 25 MW. Eine Steigerung der Anfangstemperatur ist beim offenen Verfahren also nicht nur im Hinblick auf die Senkung des Wärmeverbrauches anzustreben, sie ist auch für die Größe der Einheiten und damit für den Bau-und Bedienungsaufwand von Gasturbinenkraftwerken von größter Bedeutung.

Für den Vergleich des offenen Gasturbinenprozesses mit dem geschlossenen Verfahren und dem Dampfprozeß ist noch der *Kühlwasserbedarf* von Interesse. Für seine Ermittlung sei wieder derselbe Weg eingeschlagen wie beim geschlossenen Verfahren. Mit den bereits verwendeten Bezeichnungen kann man für die Klemmenleistung N_{kl} anschreiben:

$$N_{kl} = \frac{G\,(H_u + i_g)}{860} \cdot \eta_K \cdot \eta_G \qquad [\mathrm{kW}]$$

In dieser Formel stellt η_G wieder den Generatorwirkungsgrad dar. Der Kühlwasserbedarf beträgt

$$W = \xi\,(\lambda_V + \lambda_K) \cdot G \qquad [\mathrm{kg/h}]$$

und der spezifische Verbrauch

$$\frac{W}{N_{kl}} = \frac{860 \cdot \xi\,(\lambda_V + \lambda_K)}{(H_u + i_g) \cdot \eta_K \cdot \eta_G} \qquad [\mathrm{l/kWh}]$$

Aus Formel 4 erhält man für $\xi\,(\lambda_v + \lambda_K)$ den Ausdruck:

$$\xi\,(\lambda_V + \lambda_K) = \left(1 - \frac{\eta_K}{\eta_m}\right) \frac{H_u + i_g}{\Delta i_w} - [\nu \cdot i_{g_2}\,(\lambda_V + \lambda_K)\, i_{L_0}]\, \frac{1}{\Delta i_w}$$

Setzt man diesen Ausdruck in die Formel für $\frac{W}{N_{kl}}$ ein, so lautet diese:

$$\frac{W}{N_{kl}} = \left(1 - \frac{\eta_K}{\eta_m}\right) \frac{860}{\eta_K \cdot \eta_G \cdot \Delta i_w} - \frac{860}{\eta_K \cdot \eta_G \cdot \Delta i_w} \cdot \frac{\nu \cdot i_{g_2} - (\lambda_V' - \lambda_K) \cdot i_{L_0}}{H_u + i_g} \qquad [\mathrm{l/kWh}] \qquad (5)$$

Vergleicht man diese Beziehung mit der Formel (2) für den Kühlwasserbedarf des geschlossenen Kreislaufes, so wird man feststellen, daß das erste Glied der Formel (5) mit der Formel (2) identisch ist. Bei *gleichem* Kupplungswirkungsgrad ist also auch die im Kühlwasser abzuführende *Wärme*menge entsprechend dem zweiten Gliede der Formel (5) niedriger als beim geschlossenen Verfahren und beim Dampfprozeß. Dieses zweite Glied wirkt sich um so mehr aus, je kleiner die spezifische Kühlluftmenge λ_K, d. h. also, je höher die Anfangstemperatur t_1 ist. In Abb. 24 ist die Abhängigkeit des Kühlwasserbedarfes von der Anfangstemperatur für bestimmte Voraussetzungen dargestellt. Die Aufwärmung des Kühlwassers wurde vorhin beim geschlossenen Verfahren mit 26° C angenommen. Man sieht, daß in diesem

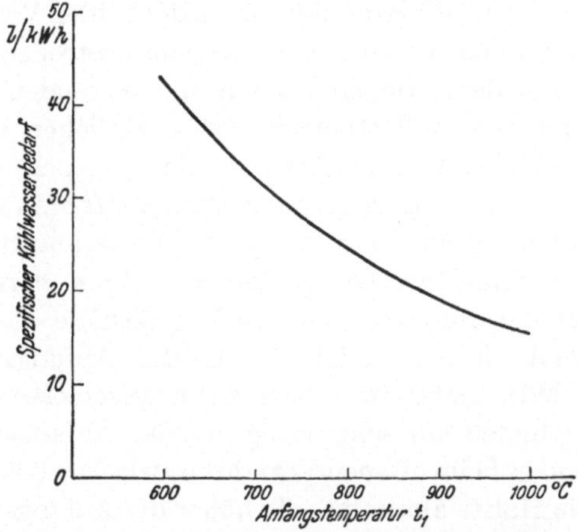

Abb. 24. Spezifischer Kühlwasserbedarf beim offenen Verfahren in Abhängigkeit von der Anfangstemperatur t_1, entsprechend der Wirkungsgradkurve 2 in Abb. 21. Aufwärmung des Kühlwassers auf 26° C angenommen.

Beispiel bei $t_1 = 600°$ C der spezifische Kühlwasserbedarf 42 l/kWh beträgt und für $t_1 = 800°$ C auf 24 l/kWh zurückgeht. Die Kühlwassereinsparung ist also ziemlich bedeutend.

Die *Regelung* der Maschinen erfolgt durch Drosselung der Gaszufuhr und bei Mehrwellenanordnung durch Änderung der Drehzahl der Verdichtergruppe. Da hier ein Gleitdruckbetrieb nur sehr unvollkommen durchführbar ist, liegt der Teillastwirkungsgrad ungünstiger als beim geschlossenen Prozeß. Mehrwellensätze mit drehzahlgeregelten Verdichtergruppen sind in dieser Hinsicht Einwellensätzen, die mit konstanter Drehzahl arbeiten müssen, überlegen. Erfahrungen über die Anpassungsfähigkeit von Gasturbinensätzen nach dem offenen Verfahren an rasche Belastungsänderungen sind nicht bekannt geworden.

Es ist aber wohl zu erwarten, daß das für den geschlossenen Prozeß entwickelte Regelverfahren kürzere Regelzeiten erlauben dürfte als die bisher für den offenen Gasturbinenprozeß vorgeschlagenen Regelmöglichkeiten.

7. Gemischte Gasturbinenprozesse.

In Anlehnung an die behandelten Grundschaltungen des geschlossenen und offenen Prozesses wurde eine Reihe von Schaltungen vorgeschlagen, die Kombinationen der beiden Verfahren darstellen. Sie entstanden vornehmlich aus dem Bestreben, die Grenzleistung der nach dem offenen Verfahren arbeitenden Gasturbine zu steigern und den Teillastbetrieb wirtschaftlicher zu gestalten.

Der Gedanke, die Grenzleistung der offenen Gasturbine durch Kombination mit dem geschlossenen Verfahren zu erhöhen, wird verständlich, wenn man die je Sekunde aus der Turbine austretenden Luftmengen bei beiden Verfahren vergleicht. In Abb. 25 ist für die dort angegebenen Verhältnisse das Austrittsvolumen je MW in Abhängigkeit von der Anfangstemperatur aufgetragen. Man sieht, daß sich beim geschlossenen Prozeß das Austrittsvolumen nur sehr wenig mit der Anfangstemperatur ändert, während es beim offenen Verfahren zwischen 600 und 800° C beinahe auf die Hälfte abnimmt. Je höher die Anfangstemperatur wird, um so mehr verringert sich der Unterschied zwischen den Austrittsvolumina. Im Bereich zwischen 600 und 800° C ist das Austrittsvolumen beim offenen Verfahren 8- bis 4,5mal so groß als beim geschlossenen Prozeß. Der große Unterschied ist die Folge des höherliegenden Druckbereiches beim geschlossenen Kreislauf.

In Abb. 11 sind aus der großen Zahl der Kombinationsmöglichkeiten zwei Schaltungen herausgegriffen worden, die in ihrem Grundgedanken ganz verschieden sind. Die *links* dargestellte und in ihrem Aufbau im 4. Abschnitt bereits beschriebene Parallelschaltung des geschlossenen und offenen Verfahrens sucht die oben gestellten Aufgaben dadurch zu lösen, daß die offene Gasturbine als reine Nutzleistungsturbine den Stromerzeuger antreibt, während die nach dem geschlossenen Verfahren arbeitende Maschinengruppe mit dem Luftverdichter für die offene Gasturbine gekuppelt ist. Auf diese Weise können sowohl sehr große Maschinenleistungen erreicht als auch für die Wirtschaftlichkeit des Teillastbetriebes durch die Regelbarkeit der Verdichtergruppe im Gleitdruck und durch Drehzahländerung güstigere Voraussetzungen geschaffen werden. Der Vollastwirkungsgrad dieses kombinierten Prozesses liegt zwischen dem des offenen und geschlossenen Verfahrens; dasselbe gilt auch für die Teillast-

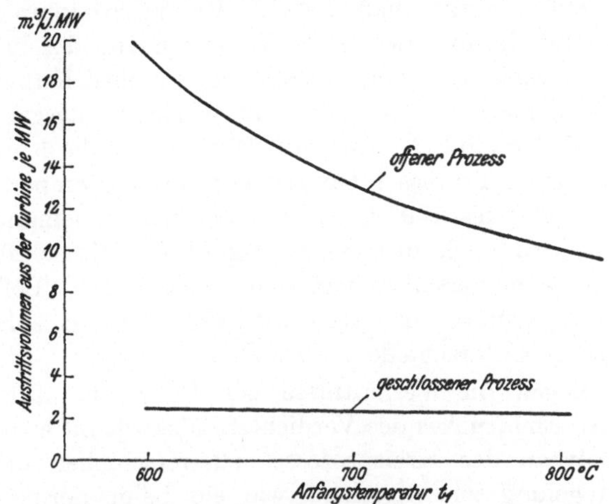

Abb. 25. Abhängigkeit des Austrittsvolumens aus der Turbine von der Anfangstemperatur.
Für den geschlossenen Prozeß: Temperaturunterschied im Wärmeaustauscher: 40° C
Anfangsdruck: 30 ata
Für den offenen Prozeß: keine Zwischenüberhitzung
einfache Zwischenkühlung
Ausnützung der Abgaswärme: 75%

wirkungsgrade. Der praktischen Verwirklichung steht jedoch der verwickelte Aufbau einer solchen Anlage entgegen, die der im 2. Abschnitt erhobenen Forderung nach Vereinfachung widerspricht.

Im Gegensatz zu dieser Parallelschaltung kann die in Abb. 11 *rechts* gezeichnete Möglichkeit als Überlagerung der beiden Grundprozesse gekennzeichnet werden. In ihr wird der beim normalen offenen Verfahren gleichfalls offene Kühlkreislauf durch einen geschlossenen ersetzt. Der in Abb. 11 angedeutete Maschinensatz, bestehend aus der Gasturbine *2′* und dem Verdichter *3′*, kann als Aufladegruppe betrachtet werden, durch die der Druckpegel des Kreislaufes festgelegt wird. Je höher die Anfangstemperatur vor der Turbine *2* gewählt werden kann, um so mehr überwiegt der offene Verbrennungsprozeß gegenüber dem geschlossenen

Kühlkreislauf, um so größer wird die Leistung der Ladegruppe. Könnte man die Anfangstemperatur bis auf die Verbrennungstemperatur treiben, so würde der kombinierte Prozeß in den offenen Gasturbinenprozeß übergehen.

Welche Vor- und Nachteile weist nun eine solche kombinierte Schaltung auf? Setzt man gleiche Gaseintrittstemperaturen voraus, so wird die umzuwälzende Gasmenge von der Kühlluftmenge beim normalen offenen Prozeß nicht wesentlich abweichen, da die Wärmeinhalte von Luft und Verbrennungsgasen nur wenig verschieden sind. Da auch die Wirkungsgrade des offenen und geschlossenen Prozesses bei gleicher Anfangstemperatur im Bereiche von 600 bis 700° C nicht wesentlich voneinander abweichen, so wird auch der Wirkungsgrad für die kombinierte Schaltung etwa in derselben Größenordnung liegen. Bei Nennleistung sind jedenfalls in wirtschaftlicher Hinsicht keine ausschlaggebenden Unterschiede zu erwarten.

Anders liegen die Verhältnisse bei Teillasten. Durch die Regelung des Enddruckes des Verdichters *3'* erscheint es möglich, das Druckniveau des Kreisprozesses zu verschieben und eine Gleitdruckregelung zu erreichen, wie sie beim normalen gegeschlossenen Prozeß durchgeführt wird. Die Teillastwirkungsgrade werden also günstiger als beim offenen Prozeß liegen und sich um so mehr denen des geschlossenen Prozesses nähern, je größer das Verhältnis der umgewälzten Gasmenge zu der von außen dem Prozeß zugeführten ist. Die Regelungsmöglichkeit durch die Ladegruppe kann wohl als ein wesentlicher Vorteil einer solchen kombinierten Schaltung angesehen werden. Sie wirkt sich nicht nur wirtschaftlich bei Teillastbetrieb aus, sondern stellt auch eine Vereinfachung des Regelvorganges sowohl gegenüber dem offenen als auch dem geschlossenen Prozeß dar. Es gelten hierfür dieselben Gesichtspunkte, die am Schluß des 5. Abschnittes für die abgewandelte Schaltung des geschlossenen Prozesses mit Druckfeuerung (Abb. 10) dargelegt wurden.

Als zweiter Vorzug dieser Schaltung ist im Bereich niedriger Anfangstemperaturen eine wesentliche *Steigerung der Grenzleistung* gegenüber dem normalen offenen Prozeß zu erwarten. Der geschlossene Kreislauf verschiebt den wirtschaftlichen Druckbereich nach oben. Die Haupttubine *2* (Abb. 11) kann für einen höheren Gegendruck ausgelegt werden, so daß das Arbeitsvolumen in der letzten Turbinenstufe entsprechend verkleinert wird. Der nachgeschaltete Ladesatz braucht nur entsprechend dem reinen Verbrennungsprozeß bemessen zu werden. Man erreicht mit dieser kombinierten Schaltung, die mit dem offenen Verfahren die direkte Verwendung der Verbrennungsgase als Arbeitsmittel gemeinsam hat, Grenzleistungen, welche an die beim geschlossenen Verfahren möglichen herankommen.

Den genannten Vorzügen dieser kombinierten Schaltung stehen auch Nachteile gegenüber. Während beim geschlossenen Prozeß reine Luft umgewälzt, beim offenen Verfahren das Verbrennungsgas durch Luft stark verdünnt und der Verdichter mit Luft beaufschlagt wird, dient bei der hier behandelten kombinierten Schaltung Verbrennungsgas als umlaufendes Arbeitsmittel, das mehr oder weniger Verunreinigungen enthält. Hier werden auch die Verdichter vom Verbrennungsgas durchströmt. Sind die Gase schwefelhaltig, so ist vor allem bei Bemessung der Zwischenkühler darauf Rücksicht zu nehmen, daß ein genügender Abstand vom Taupunkt gewahrt wird. Dieser Umstand muß besonders dann beachtet werden, wenn die Gaserzeugung in Gasgeneratoren erfolgt, die mit einem größeren Wasserdampfzusatz arbeiten. Aber auch die Auswirkung von mechanischen Verunreinigungen in den Verbrennungsgasen muß berücksichtigt werden. Als ein weiterer Nachteil dieses kombinierten Verfahrens gegenüber dem offenen Prozeß ist der größere *Kühlwasserbedarf* zu nennen, der zwischen den beim offenen und geschlossenen Verfahren erreichbaren Werten liegt und sich bei niedrigen Anfangstemperaturen mehr den Zahlen für das geschlossene, bei hohen denen für das offene Verfahren nähern wird.

Trotz dieser erwähnten Nachteile muß man dem in Abb. 11 rechts dargestellten Gasturbinenverfahren für die Anwendung der Gasturbine für die Elektrizitätserzeugung wegen der erreichbaren großen Grenzleistungen und den günstigen Regelbedingungen eine nicht zu unterschätzende Bedeutung zusprechen. Es verdient daher ein eingehendes Studium.

8. Kombination von Gasturbinen- und Dampfprozessen.

Bezweckten die Kombinationen des geschlossenen und offenen Verfahrens in erster Linie eine Steigerung der Grenzleistungen und eine Verbesserung der Regelbedingungen gegenüber dem offenen Prozeß, so ist als wesentliches Ziel der Kombination des offenen Gasturbinen- mit dem Dampfprozeß die Vermeidung des Kühlluftkreislaufes durch Zuführung eines Teiles der Verbrennungswärme an den Dampfprozeß anzusehen. Auch bei dieser Kombination wird entsprechend der Verringerung der Kühlluftmenge eine Steigerung der Grenzleistungen erreicht. Wie

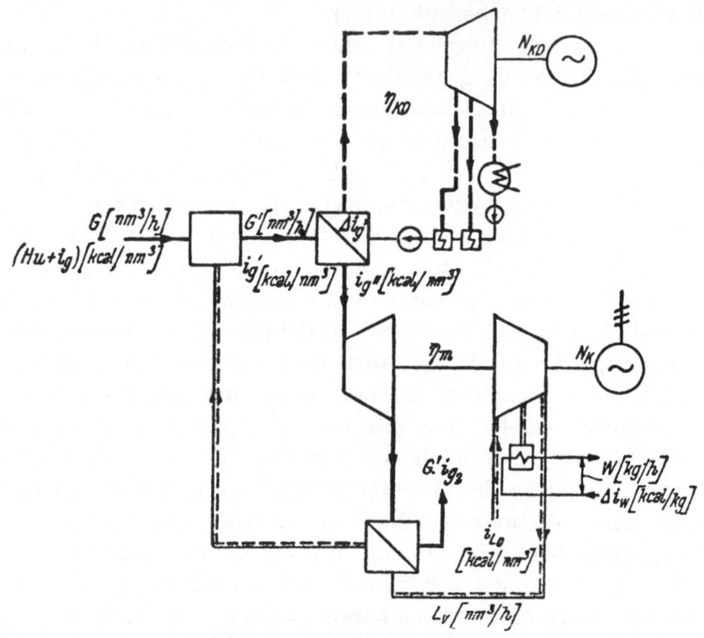

Abb. 26. Schema zur Aufstellung der Wärmebilanz für einen kombinierten Gas- und Dampfturbinenprozeß.

bereits im 4. Abschnitt erwähnt, liegt eine solche Kombination eigentlich im Velox-Dampferzeuger bereits vor, nur daß in Verbindung mit diesem die Gasturbine die Funktion eines Hilfsmaschinensatzes und die Dampferzeugung den Vorrang besitzt. An der grundsätzlichen Schaltung ändert sich aber nichts, wenn man die Dampferzeugung auf den zur Erreichung der zulässigen Anfangstemperatur t_1 erforderlichen Umfang beschränkt und den Gasturbinenprozeß als den primären betrachtet.

Um eine solche Möglichkeit beurteilen zu können, ist es zunächst notwendig, diese Kombination (Abb. 12 links) mit dem normalen offenen Prozeß mit Kühlluftzusatz zu vergleichen. Zu diesem

Zwecke wird im nachstehenden in ähnlicher Weise wie für den offenen Prozeß die Wärmebilanz für die Kombination aufgestellt, für die das in Abb. 26 dargestellte Schema als Grundlage dient. Mit den in diesem Schema eingetragenen Bezeichnungen kann wieder die dem Prozeß *zu*geführte Wärme angeschrieben werden zu

$$G\,(H_u + i_g) + L_V \cdot i_{L_0} = G\,(H_u + i_g) + \lambda_V \cdot G \cdot i_{L_0} \qquad [\mathrm{nm^3/h}]$$

Die *ab*geführte Wärmemenge beträgt

$$G' \cdot \varDelta\, i_g' + 860\, N_i + G' \cdot i_{g_2} + W \cdot \varDelta\, i_W \qquad [\mathrm{nm^3/h}]$$

Mit

$$G' = \nu \cdot G\,; \quad W = \xi \cdot \lambda_V \cdot G \qquad [\mathrm{kg/h}]$$

wird dieser Ausdruck

$$860 \cdot N_i + \nu \cdot G \cdot \varDelta\, i_g' + \nu \cdot G \cdot i_{g_2} + \xi \cdot \lambda_V \cdot G \cdot \varDelta\, i_W \qquad [\mathrm{nm^3/h}]$$

Durch Gleichsetzen der zu- und abgeführten Wärme erhält man

$$860\, N_i = G\,(H_u + i_g) + \lambda_V \cdot G \cdot i_{L_0} - \nu \cdot G \cdot \varDelta\, i_g' - \nu \cdot G \cdot i_{g_2} + \\ + \xi \cdot \lambda_V \cdot G \cdot \varDelta\, i_W \qquad [\mathrm{kcal/h}]$$

Bezeichnet man mit

N_{KD} die Kupplungsleistung der Dampfturbine [kW],

η_{KD} den Kupplungswirkungsgrad des Dampfprozesses,

η_D den Wirkungsgrad der Dampferzeugung, so ist

$$N_{KD} = \frac{\nu \cdot G \cdot \varDelta\, i_g' \cdot \eta_D \cdot \eta_{KD}}{860} \qquad [\mathrm{kW}]$$

Für den Kupplungswirkungsgrad des kombinierten Prozesses η_{Kges} gilt die Beziehung

$$\eta_{Kges} = \frac{860\,(N_i \cdot \eta_m + N_{KD})}{G\,(H_u + i_g)}$$

$$\eta_{Kges} = \eta_m \left[1 - \frac{\nu \cdot i_{g_2} + \lambda_V(\xi \cdot \varDelta\, i_W - i_{L_0})}{H_u + i_g}\right] - \frac{\nu \cdot \varDelta\, i_g' \cdot \eta_m}{H_u + i_g} + \\ + \frac{\nu \cdot \varDelta\, i_g' \cdot \eta_D \cdot \eta_{KD}}{H_u + i_g}$$

$$\eta_{Kges} = \eta_m \left[1 - \frac{\nu \cdot i_{g_2} + \lambda_V(\xi \cdot \varDelta\, i_W - i_{L_0})}{H_u + i_g}\right] - \\ - \frac{\nu \cdot \varDelta\, i_g'}{H_u + i_g} \cdot (\eta_m - \eta_D \cdot \eta_{KD}) \qquad (6)$$

Bildet man

$$\varDelta\, \eta_K = \eta_{Kges} - \eta_K$$

wobei η_K durch die Formel (4) dargestellt wird, so kann man anschreiben:

$$\varDelta\, \eta_K = [\lambda_K\,(\xi \cdot \varDelta\, i_W - i_{L_0})\,\eta_m - \\ - \nu \cdot \varDelta\, i_g'\,(\eta_m - \eta_D \cdot \eta_{DK})] \cdot \frac{1}{H_u + i_g} \qquad (7)$$

Nimmt man einen Kondensationsdampfprozeß mit vierstufiger Speisewasservorwärmung auf 180° C für einen Eintrittsdruck an der Turbine von 70 ata und eine Eintrittstemperatur von 490° C an, so errechnet sich für diese ein Kupplungswirkungsgrad von 35,2 %. Legt man den Wirkungsgrad der Dampferzeugung mit 0,98 (Strahlungsverluste), den Heizwert mit

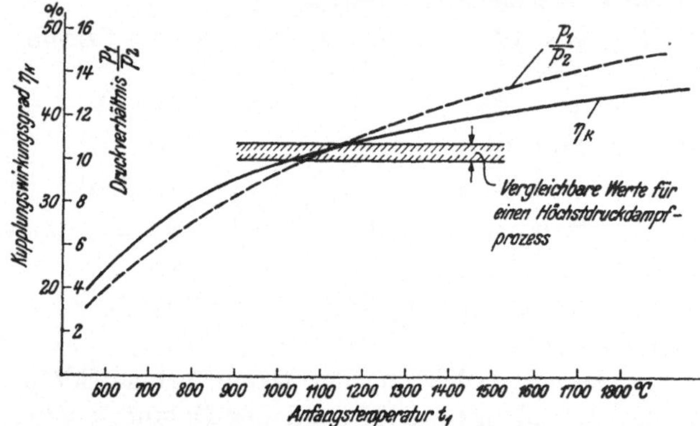

Abb. 27. Kupplungswirkungsgrade und günstigste Druckverhältnisse von gekühlten Gasturbinen nach dem Drehkesselprinzip in Abhängigkeit von der Anfangstemperatur t_1 nach *Vorkauf*.

Annahmen: Thermodynamischer Wirkungsgrad der Gasturbine 80%
Thermodynamischer Wirkungsgrad des Verdichters 90%
Abgastemperatur .... 300° C

1870 kcal/nm³ und die fühlbare Wärme des Rohgases mit 100 kcal/nm³ fest, so zeigt eine Durchrechnung für eine Anlage *ohne* Zwischenüberhitzung, jedoch mit einfacher Zwischenkühlung, daß bei $t_1 = 700^0$ C noch ein kleiner Gewinn zu erwarten ist. Für höhere Anfangstemperaturen ist die Herabsetzung der Verbrennungstemperatur durch Vergrößerung der Luftmenge günstiger. Bei Anlagen mit Zwischenüberhitzung ist diese kombinierte Schaltung auch bereits bei 600° C ungünstiger. Berücksichtigt man den durch den Gas- *und* Dampfturbinenbetrieb entstehenden verwickelteren Aufbau der Anlage und den erhöhten Kühlwasserverbrauch, so wird man für den Fall der reinen Krafterzeugung von der Anwendung solcher Schaltungen Abstand nehmen.

Anders liegen die Verhältnisse, wenn Dampf bei höheren Druckstufen für Heizzwecke benötigt wird, wie dies in Industriebetrieben der Fall ist. Für eine solche Heizkraftkupplung kann bei genügend hohen Stromkennzahlen des anzuschließenden Betriebes eine solche Kombination in Frage kommen.

Ein anderer Weg der Kombination des offenen Gasturbinenverfahrens mit einem Dampfprozeß wurde, wie bereits erwähnt, von *Vorkauf* [11] vorgeschlagen. Es handelt sich um die im 4. Abschnitt beschriebene und in Abb. 12 rechts dargestellte Kühlung der Schaufeln nach dem Drehkesselprinzip, die sich bei Kriegsende im Versuchsstadium befand. Sie ermöglicht unter Einhaltung zulässiger Materialbeanspruchungen auf sehr hohe Anfangstemperaturen (über 1000° C) überzugehen. In Abb. 27 sind von *Vorkauf* ermittelte Wirkungsgradwerte in Abhängigkeit von der Anfangstemperatur und die zugehörigen Druckverhältnisse $\frac{p_1}{p_2}$ eingetragen. Der Vergleich mit dem Hochdruckdampfprozeß zeigt, daß diese kombinierte Schaltung über Anfangstemperaturen von 1000 bis 1200° C günstigere Kupplungswirkungsgrade als der reine Dampfprozeß ergibt. Eine abschließende Beurteilung dieses Verfahrens wird erst möglich sein, wenn umfangreichere Versuchsergebnisse vorliegen. Für die praktische Anwendung gilt dasselbe wie oben für die in Abb. 12 links dargestellte Schaltung.

9. Die Abhängigkeit der Anfangstemperatur von den Festigkeitseigenschaften des Materials.

Die ausschlaggebende Bedeutung der Anfangstemperatur für Wirkungsgrad, erreichbare Grenzleistung, Anlagekosten und damit für die Wirtschaftlichkeit des Gasturbinenprozesses überhaupt machen es verständlich, daß auf die Möglichkeiten zur Temperatursteigerung ein besonderes Augenmerk gerichtet und die Frage in den Vordergrund gestellt wurde: Welche Anfangstemperatur kann man auf Grund der Erfahrungen mit den zur Verfügung stehenden Werkstoffen und dem konstruktiven Aufbau der Maschine einerseits und unter Berücksichtigung des Verwendungszweckes anderseits zulassen?

Neben Vorschlägen konstruktiver Art, wie z. B. die Kühlung der Schaufeln durch Wasserdampf nach *Vorkauf*, die eine Komplikation des gesamten Aufbaues bedeuten, befaßte man sich in erster Linie mit dem Problem, Werkstoffe zu finden, die den hohen Temperaturen standhalten. Wenn es auch bei Flugzeugtriebwerken gelang, Temperaturen von 700° C und mehr zu erreichen, so ist dabei aber zu berücksichtigen, daß an eine für die Elektrizitätserzeugung bestimmte Anlage hinsichtlich ihrer Lebensdauer ganz andere Ansprüche gestellt werden müssen als an Flugzeuge. Als Kriterium für die zulässige Beanspruchung der

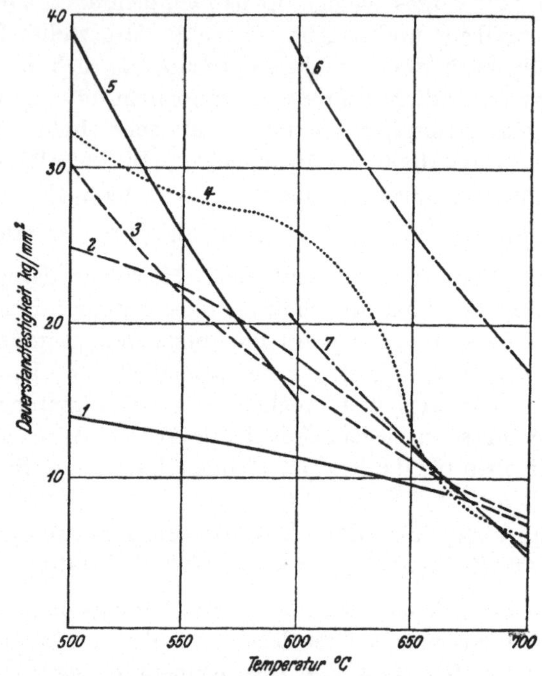

Abb. 28. Dauerstandsfestigkeit einiger hitzebeständiger Werkstoffe in Abhängigkeit von der Temperatur nach einer Zusammenstellung der MAN, Augsburg. *1* ATShn, *2* ATSnn, *3* SAS8, *4* V2AED50 (Vanidur), *5* BVT90, *6* Tinidur, *7* CWV spez. (Cromadur).

Baustoffe verwendet man seit längerer Zeit die sogenannte *Dauerstandsfestigkeit*, wobei für die vorliegenden Zwecke die Definition der DVM zugrunde gelegt wird. Man versteht darunter diejenige Belastung, bei welcher die Dehnungsgeschwindigkeit zwischen der 25. und 30. Versuchsstunde nicht mehr als $10 \cdot 10^{-4}$ %/h beträgt. Die *bleibende* Dehnung darf 0,2 % nicht überschreiten. Man muß sich darüber bewußt sein, daß der so definierte Begriff der Dauerstandsfestigkeit eine ganz willkürliche Festsetzung darstellt, die aber bei nicht zu hohen Temperaturen ihren Zweck erfüllt. In Abb. 28 sind die DVM-Werte der Dauerstandsfestigkeit für einige in den letzten Jahren in Deutschland herausgebrachten Stähle in Abhängigkeit von der thermischen Beanspruchung eingetragen. In der nachstehenden Zahlentafel sind für diese warmfesten Stähle die Legierungszusätze in Prozent zusammengestellt:

	Stahlsorte	Ni	Cr	Mn	Si	Mo	Va	Wo	Cu	Ti
1	ATS hn ...		12	18						
2	ATS nn ...	9,5	18	0,6	0,5			1		
3	SAS 8.....	15	16,5	0,9	1,0	2,0			2	
4	V2A ED 50		18					Spur		Spur
5	BVT 90 ...		1,2	0,6	1,0	1,0	0,5			
6	Tinidur	30	15	Spur.						2,3
7	CMV spez. .		12,5	18			Spur			

Ein Teil dieser Stähle ist im Kriege aus dem Zwange heraus entstanden, die in Deutschland knappen Legierungsstoffe, wie Molybdän, Wolfram und Nickel, einzusparen und möglichst durch andere zu ersetzen. Die in diesem Zeitabschnitte in Deutschland herausgebrachten Stähle sind fast durchwegs als Chrom-Mangan-Legierungen entwickelt worden. Für höchste Beanspruchungen bei hohen Temperaturen kann man aber, wie die Abb. 28 zeigt, auf den Legierungsbestandteil Nickel nicht verzichten. Der bisher in Deutschland bekanntgewordene Stahl mit den höchsten Festigkeitseigenschaften scheint das Tinidur (Kurve 6) zu sein, ihm kommt das Vanidur (Kurve 4) am nächsten, dessen Dauerstandsfestigkeit allerdings bei 640 bis 660° C sehr stark abfällt.

Es zeigte sich aber, daß die Dauerstandsfestigkeit bei Temperaturen über 600° C keine ausreichende Grundlage für die Verwendbarkeit eines Stahles darstellt und eindeutige Erkenntnisse über die Festigkeitseigenschaften von Stählen bei hohen Temperaturen nur durch einen *Langzeitversuch* erhalten werden können. Leider liegen hierüber noch wenige Ergebnisse vor. Abb. 29 zeigt die Ergebnisse von Zeitstandsversuchen mit Tinidur und einigen anderen Stählen, in üblicher Weise über dem logarithmischen Zeitmaßstab aufgetragen. Die Versuche waren nur bis 1000 Stunden durchgeführt worden. Die Werte darüber hinaus sind extrapoliert. Aus den Ergebnissen glaubte man jedoch folgern zu dürfen, daß man für Tinidur bei Beanspruchungen von 14 kg/mm² bei 625° C und von 7 kg/mm² bei 700° C eine Haltbarkeit von 16000 bis 17000 Stunden erreichen dürfte, wobei die beiden Beanspruchungen in ihren Auswirkungen als etwa

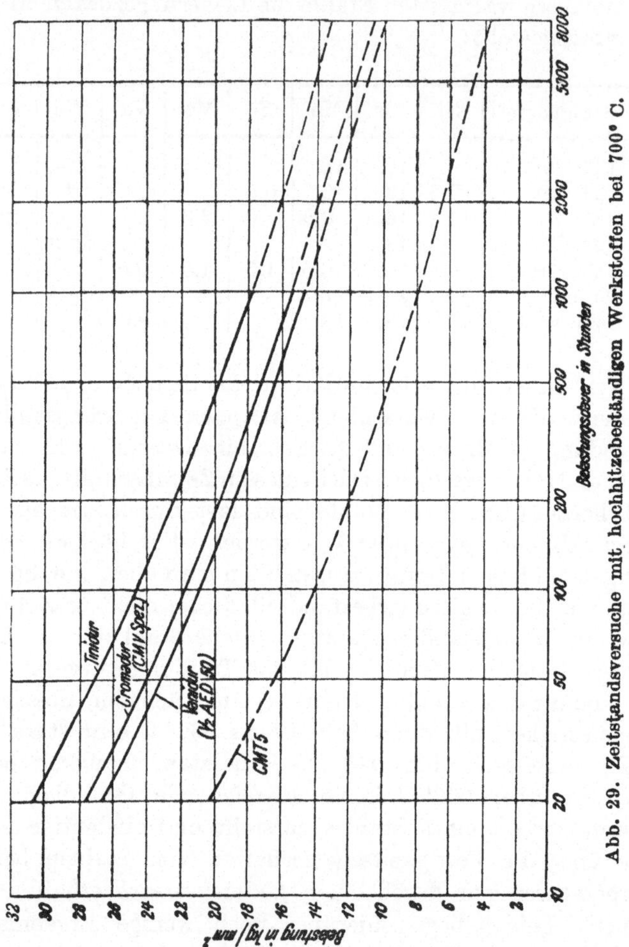

Abb. 29. Zeitstandsversuche mit hochhitzebeständigen Werkstoffen bei 700° C.

gleichwertig beurteilt wurden. Das Tinidur, das sich ziemlich schwer bearbeiten läßt, kam bei den in den letzten Jahren in Deutschland geplanten Gasturbinenkraftanlagen für die Schaufeln der ersten Turbinenstufen in Frage.

Hochhitzebeständige Werkstoffe werden noch bei den Turbinenläufern und den Turbinengehäusen, den Brennkammern und Anschlußleitungen zur Turbine beim offenen Prozeß und einem Teil des Lufterhitzers mit den Heißluftleitungen beim geschlossenen Prozeß benötigt. Beim geschlossenen Kreislauf ist die Werkstofffrage für den Lufterhitzer von Bedeutung. Wenn auch die mechanischen Beanspruchungen des Rohrsystemes nicht sehr hoch sind, so wird doch die Verzunderung bei den in Frage kommenden hohen Temperaturen Beachtung finden müssen. In ungünstigem Sinne wirkt sich hier der schlechtere Wärmeübergang von der Rohrwand auf die Luft gegenüber dampfführenden Rohren aus. Er ist in sehr starkem Maße von der Luftgeschwindigkeit abhängig. Nach Untersuchungen von *Keller* [8] liegt bei Drücken von 25 bis 50 at die Rohrwandtemperatur um 300° bis 200° C höher als die Lufttemperatur, wogegen man bei Dampfanlagen im Überhitzer mit einer Temperaturdifferenz zwischen Rohrwand und Dampf von etwa 30° C im allgemeinen auskommt. Beim geschlossenen Verfahren ist wohl die mechanische Beanspruchung der ersten Schaufelreihen der Turbine bei etwa gleichen Leistungsgrößen wegen der kleineren Schaufellänge (höhere Eintrittsdrücke) zweifellos günstiger als beim offenen Prozeß. Dagegen dürften die zulässigen Rohrwandtemperaturen im Lufterhitzer der Steigerung der Anfangstemperaturen Grenzen setzen.

Auf Grund der hier geschilderten Überlegungen glaubte man, für ein in Deutschland in den letzten Jahren als Versuchsanlage geplantes Gasturbinenkraftwerk nach dem offenen Verfahren eine Anfangstemperatur zwischen etwa 625 und 700° C wählen zu können. Für den geschlossenen Prozeß bedeutet eine Anfangstemperatur von 600° C für die letzte Überhitzungsstufe bereits eine Rohrwandtemperatur von 800 bis 900° C. Hiebei ist auf die von den Dampfkesseln her bekannte Möglichkeit der Strähnenbildung in den Brenngasen Rücksicht zu nehmen, die zu nicht unerheblichen örtlichen Temperaturerhöhungen führen kann. Sie dürfte schwieriger zu beherrschen sein als die Vermeidung von größeren Temperaturunterschieden in der Verbindung zwischen Brennkammer und Turbine bei dem offenen Verfahren. Es werden daher erst Betriebserfahrungen mit dem Lufterhitzer bei einer Anfangstemperatur von 600° C abzuwarten sein.

Bei Beurteilung dieser Ergebnisse darf nicht übersehen werden, daß die Entwicklung von hochhitzebeständigen Werkstoffen in

Deutschland in den letzten Jahren durch den Mangel an wichtigen Legierungsmetallen sehr gehemmt war und die sogenannten Austauschwerkstoffe in den Materialtabellen einen immer größeren Raum einnahmen. Man kann daher die Zuversicht haben, daß bei Wegfall solcher Hemmnisse durch systematische Forschung Werkstoffe geschaffen werden können, die auf die Erfordernisse der Gasturbine abgestellt sind und im Laufe der Zeit eine weitere Temperatursteigerung ermöglichen. Vor allem wird auch der Entwicklung von keramischen Werkstoffen für die ersten Turbinenstufen Beachtung geschenkt werden müssen, die von der MAN, Augsburg, recht vielversprechend begonnen wurden, jedoch infolge der Kriegsauswirkungen in den Anfängen stecken blieben.

10. Beschreibung eines Gasturbinenkraftwerkes.

Die im Vergleich mit Dampfkraftwerken kurzen Anfahrzeiten von nach dem offenen Verfahren arbeitenden Gasturbinen lassen sie besonders für Ergänzungskraftwerke in Netzen mit überwiegender Wasserkraftversorgung als geeignet erscheinen. Gegenüber der Verwendung von Dieselmotoren haben sie den Vorteil, daß sie bereits bei den zur Zeit in Frage kommenden Anfangstemperaturen größere Einheitsleistungen zulassen, außerdem sind sie hinsichtlich der Qualität des Brennöles weniger beschränkt als der Dieselmotor. Für größere Anlagen wird daher die Gasturbine zu günstigeren Erstellungskosten führen, auf die es bei Anlagen mit kleiner Benutzungsdauer in erster Linie ankommt. Solche Gasturbinenkraftwerke könnten daher sehr zweckmäßig für den Ausgleich des Energieanfalles zwischen Jahren mit normaler Wasserführung und Trockenjahren herangezogen werden, wozu ihnen noch die Funktion einer Schnellbereitschaft zugeteilt werden kann.

Abb. 30 zeigt die Übersichtszeichnung für ein zur Zeit in Ausführung begriffenes Gasturbinenkraftwerk, das in einem großen Netz mit Wasserkraftversorgung zur Deckung der Wintermangelenergie dienen soll. Die installierte Gesamtleistung von 40 MW ist auf zwei Einheiten mit 13 und 27 MW aufgeteilt. Beide Maschinensätze sind zweiwellig und entsprechen in ihrer Schaltung dem in Abb. 19 links dargestellten Schema. Die Verdoppelung der Leistung beim größeren Satz wurde durch

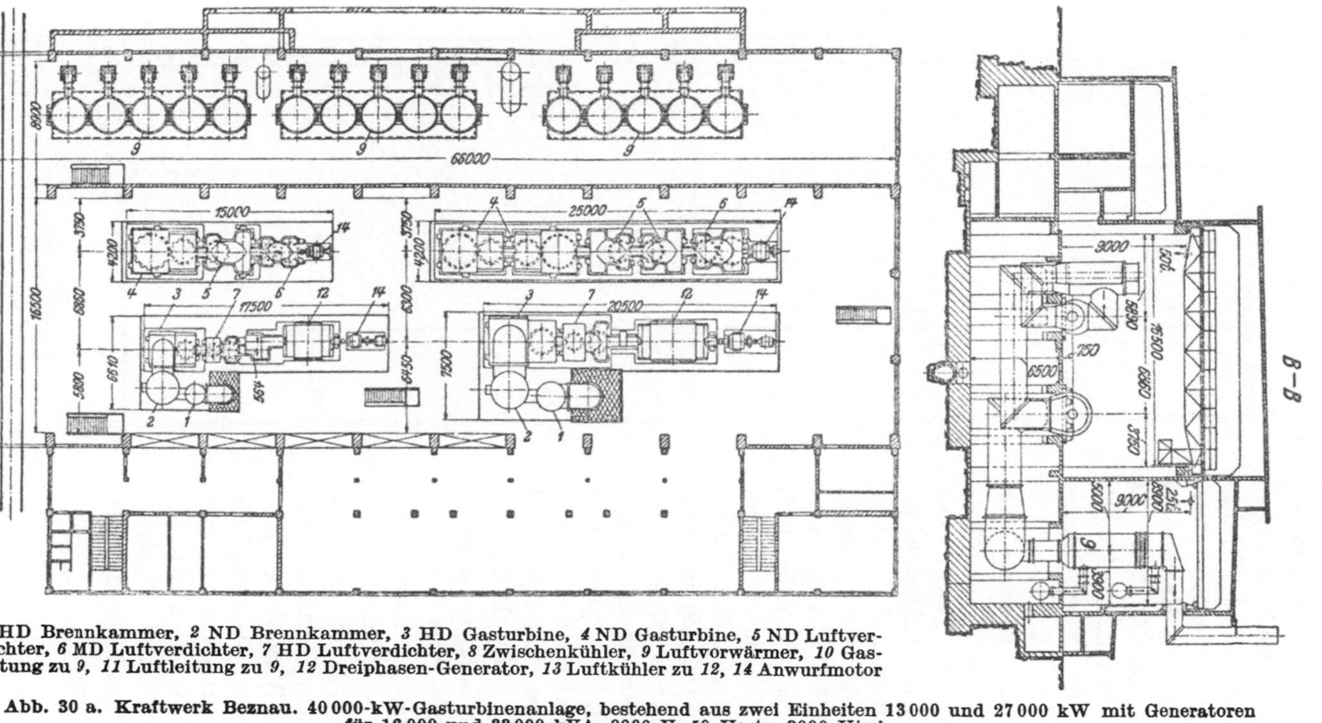

1 HD Brennkammer, *2* ND Brennkammer, *3* HD Gasturbine, *4* ND Gasturbine, *5* ND Luftverdichter, *6* MD Luftverdichter, *7* HD Luftverdichter, *8* Zwischenkühler, *9* Luftvorwärmer, *10* Gasleitung zu *9*, *11* Luftleitung zu *9*, *12* Dreiphasen-Generator, *13* Luftkühler zu *12*, *14* Anwurfmotor

Abb. 30 a. Kraftwerk Beznau. 40000-kW-Gasturbinenanlage, bestehend aus zwei Einheiten 13000 und 27000 kW mit Generatoren für 16000 und 33000 kVA, 8000 V, 50 Hertz, 3000 U/min.

zweistufige Ausführung der Niederdruckgasturbine und des Niederdruckverdichters erreicht. Der Hochdrucksatz für 27 MW ist für direkten Antrieb des Generators ausgelegt.

Die Gesamtanordnung ist so getroffen, daß die Hoch- und Niederdruckbrennkammern (*1* und *2*) nebeneinander untergebracht sind. Die Luftkühler werden im Kellergeschoß, die Wärmeaustauscher zur Ausnutzung der Abgaswärme (*9*) in einem seitlichen Anbau an den Maschinenraum aufgestellt. Der spezifische Raumbedarf des Krafthauses beträgt rund 700 m³/MW. Demgegenüber liegt der entsprechende Wert bei einem gedrängt entworfenen Steinkohlendampfkraftwerk für die erheblich größere Leistung von 200 MW bei 900 m³/MW. Der Kostenaufwand für den baulichen Teil wird also bei Gasturbinenkraftwerken auf gleiche Leistung bezogen günstiger liegen.

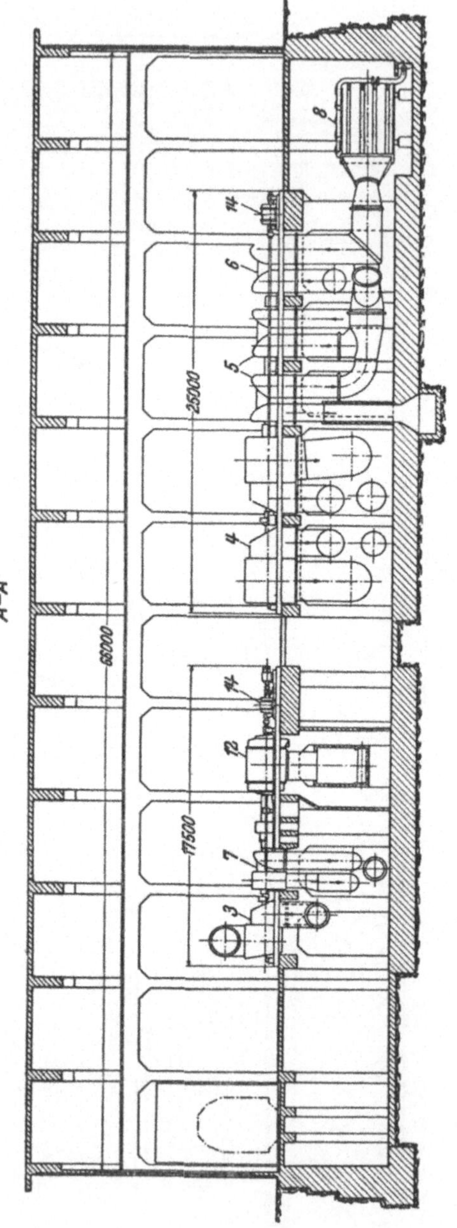

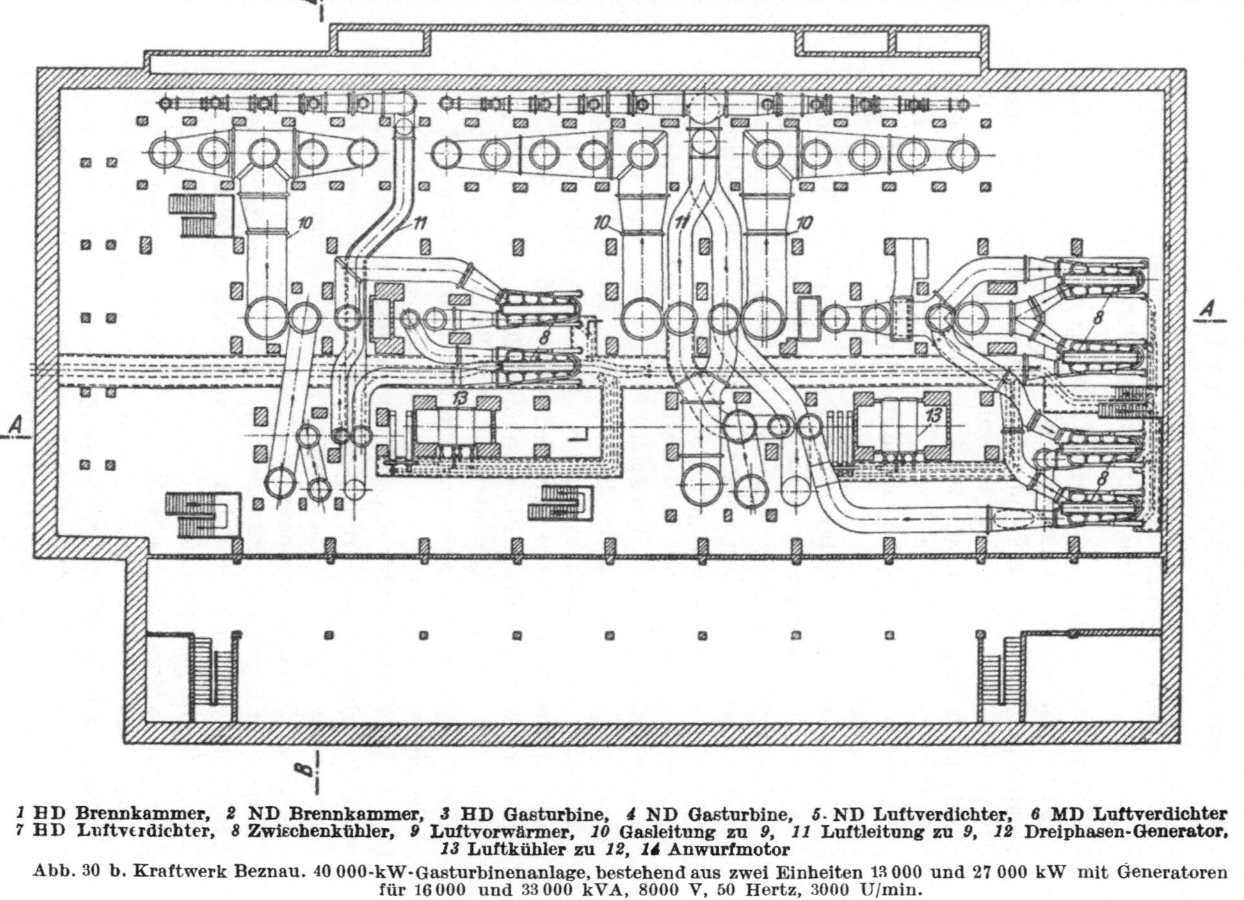

1 HD Brennkammer, *2* ND Brennkammer, *3* HD Gasturbine, *4* ND Gasturbine, *5* ND Luftverdichter, *6* MD Luftverdichter *7* HD Luftverdichter, *8* Zwischenkühler, *9* Luftvorwärmer, *10* Gasleitung zu *9*, *11* Luftleitung zu *9*, *12* Dreiphasen-Generator, *13* Luftkühler zu *12*, *14* Anwurfmotor

Abb. 30 b. Kraftwerk Beznau. 40 000-kW-Gasturbinenanlage, bestehend aus zwei Einheiten 13 000 und 27 000 kW mit Generatoren für 16 000 und 33 000 kVA, 8000 V, 50 Hertz, 3000 U/min.

III. Gasturbinenkraftwerke für feste Brennstoffe.

11. Die Verwendungsmöglichkeit von festen Brennstoffen bei Gasturbinenprozessen.

Glaubt man im Gasturbinenprozeß eine zukünftige Möglichkeit für die Wärmestromerzeugung zu sehen, die an Stelle des Dampfprozesses treten könnte, so darf er nicht auf die Verfeuerung von flüssigen und gasförmigen Brennstoffen beschränkt bleiben. Es ist, wie bereits im 4. Abschnitt erwähnt, für seine Anwendung auf breiterer Basis Vorbedingung, die Verfeuerung von festen Brennstoffen in Gasturbinenkraftwerken durchführen zu können.

Der *geschlossene* Prozeß scheint auf den ersten Blick ohne weiteres für Verwendung fester Brennstoffe geeignet zu sein. Der Lufterhitzer könnte ebenso wie der Dampfkessel mit einer Kohlenfeuerung versehen werden, so daß sich in dieser Hinsicht gegenüber der Verfeuerung von festen Brennstoffen in *Dampf*kraftwerken *grundsätzlich* kein Unterschied ergeben würde. Ein solcher kohlenbeheizter Lufterhitzer führt aber zu ähnlichen Problemen, die bereits im 2. Abschnitt für die Dampfkrafterzeugung gekennzeichnet wurden, und stellt daher von der brennstoffwirtschaftlichen und feuerungstechnischen Seite her gesehen keinen Fortschritt gegenüber dem normalen Dampfkessel dar. Bei der Verfeuerung fester Brennstoffe im Lufterhitzer treten noch einige zusätzliche Schwierigkeiten auf, die folgendermaßen gekennzeichnet werden können:

1. Die hohe Eintrittstemperatur der Kreislaufluft in den Lufterhitzer erfordert zur Erreichung einer wirtschaftlichen Abgastemperatur eine hohe Vorwärmung der Verbrennungsluft. Dadurch wird eine Beschränkung auf solche Brennstoffe und Feuerungsarten notwendig, die eine hohe Luftvorwärmung zulassen. Rostfeuerungen dürften daher von vornherein ausscheiden.

2. Bei Kohlen mit niedrigen Aschen-Erweichungstemperaturen, die eine entsprechend tiefe Feuerraum-Austrittstemperatur bedingen, führt die Forderung nach kleinen Abgasverlusten zu konstruktiven Schwierigkeiten und großen Heizflächen.

3. Die gegenüber dem Dampfkessel höheren Rohrwandtemperaturen lassen eine viel stärkere Verschmutzung der Heizflächen und noch häufigere Reinigungen erwarten.

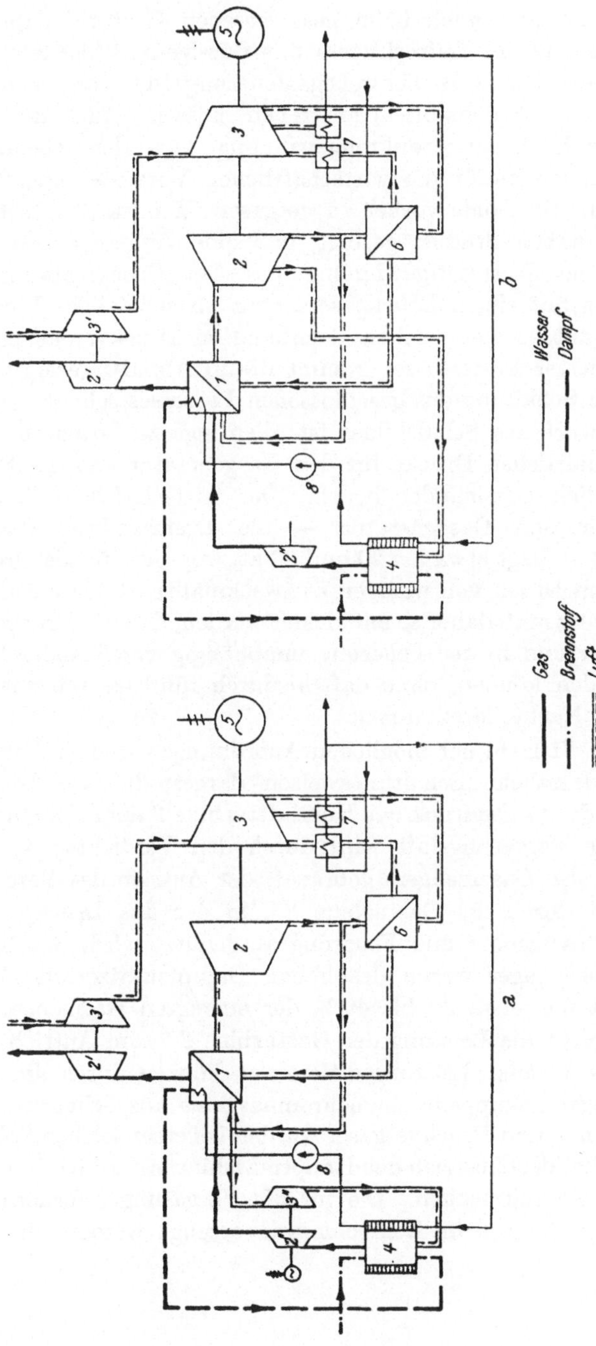

Abb. 31. Geschlossener Gasturbinenprozeß mit Druckgasgenerator und Druckfeuerung.
1 Lufterhitzer, 2, 2', 2'' Turbinen, 3, 3', 3'' Verdichter, 4 Gasgenerator, 5 Stromerzeuger, 6 Wärmeaustauscher, 7 Wasserkühler, 8 Pumpe.

Man wird also auch beim geschlossenen Gasturbinenprozeß die Ausrüstung des Lufterhitzers mit flüssigem Schlackenabzug oder Gasfeuerung (z. B. Schwebegasfeuerung oder vorgeschaltete Vergasung des Brennstoffes) anstreben müssen. Auch die Forderung nach Nebenproduktengewinnung legt den Gedanken nahe, dort, wo hiefür die wirtschaftlichen Voraussetzungen gegeben sind, die Kohle vorher zu vergasen. Wie im 2. Abschnitt dargelegt, haben Studien gezeigt, daß eine vorgeschaltete Vergasung ohne Wertstoffgewinnung nur bei Druckfeuerung in Verbindung mit einem Druckgaserzeuger wirtschaftliche Vorteile erwarten läßt. Einer solchen Kombination Druckvergasung — druckgefeuerter Lufterhitzer kommt die in Abb. 10 gezeigte abgewandelte Schaltung des geschlossenen Prozesses sehr entgegen. Beim Entwurf des Schaltbildes ist allerdings zu beachten, daß die wirtschaftlichen Drücke für den Gasgenerator und die Feuerung ziemlich auseinander liegen. Der wirtschaftliche Druckbereich für den Gasgenerator — als Drehrostdruckvergaser konstruiert — liegt etwa bei 20 und 30 at, wogegen für die Druckfeuerung ein Druck von wenigen at zweckmäßig ist. Der Aufbau der Schaltung muß daher so entwickelt werden, daß die Drücke im Gaserzeuger und in der Feuerung unabhängig voneinander festgelegt werden können, ohne daß hiedurch fühlbare wärmewirtschaftliche Nachteile entstehen.

Aus der Vielzahl der möglichen Anordnungen sind in Abb. 31 zwei grundsätzliche Schaltungsweisen dargestellt. Im Bild *a* entspricht der Gegendruck der Heißluftturbine *2* dem Feuerungsdruck. Die Vergasungsluft wird durch den Verdichter *3''* auf den Druck des Gaserzeugers gebracht, der Antrieb des Verdichters erfolgt durch die Gasturbine *2''*, in der das Druckgefälle zwischen Gaserzeuger und Feuerung ausgenützt wird. Da beim Drehrostgaserzeuger wegen des hohen Dampfzusatzes die Vergasungsluft nur etwa 30 bis 40% der erzeugten Gasmenge beträgt, so reicht die Leistung der Gasturbine *2''* zum Antrieb des Verdichters *3''* aus. Leistungsdifferenzen können durch die mit dem Aggregat gekuppelte Asynchronmaschine ausgeglichen werden. Feuerung und Druckvergaser würden bei einer solchen Schaltung den Gleitdruckbetrieb des Hauptmaschinensatzes bei Fahren von Teillasten mitmachen. Die für die Vergasung erforderliche Dampfmenge könnte in Rohrschlangen erzeugt werden, die im

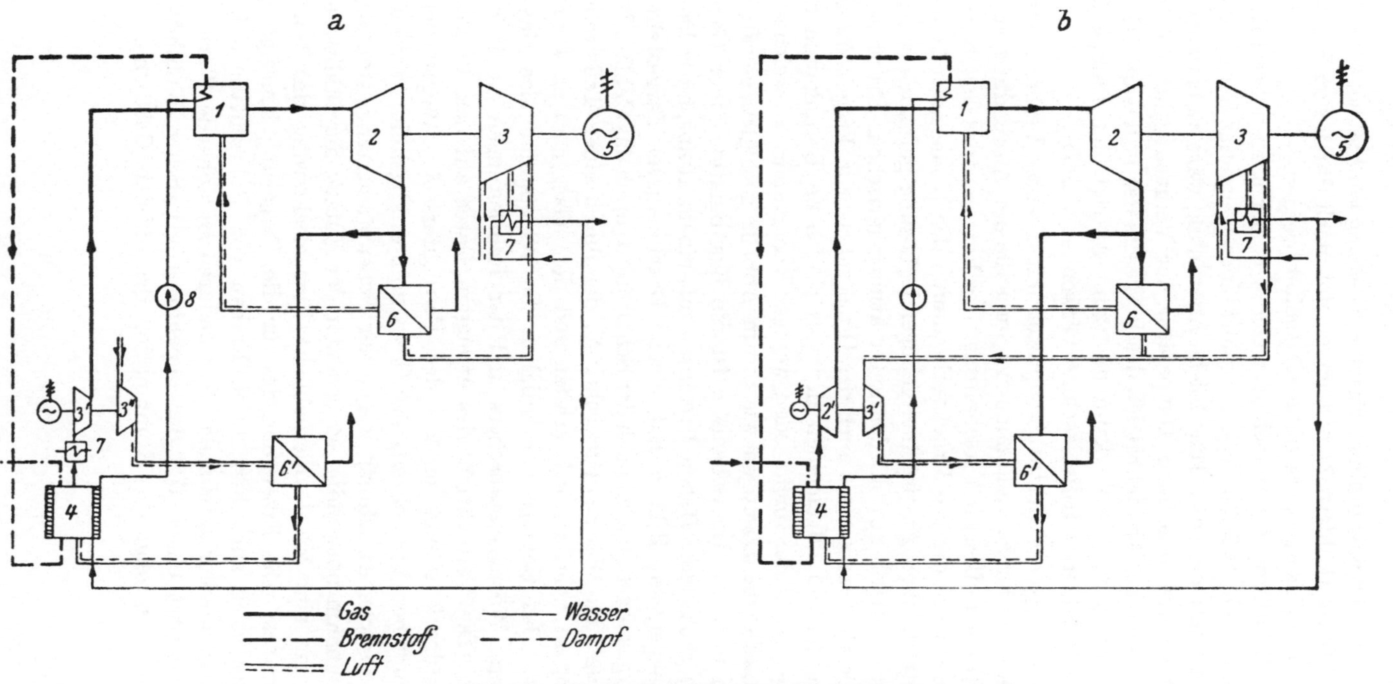

Abb. 32. Offener Gasturbinenprozeß mit Druckgasgenerator.

1 Brennkammer, 2, 2' Turbinen, 3, 3', 3'' Verdichter, 4 Gasgenerator, 5 Stromerzeuger, 6, 6' Wärmeaustauscher, 7 Wasserkühler, 8 Pumpe.

Lufterhitzer eingebaut sind. Für ihre Speisung könnte das Wasser aus den Wasserkühlern *7* entnommen und noch durch den Kühlmantel des Gaserzeugers hindurchgeleitet werden.

Die Schaltung *b* unterscheidet sich von der soeben beschriebenen dadurch, daß die Vergasungsluft einer geeigneten Turbinenstufe entnommen wird. Eine solche Anordnung wäre zu erwägen, wenn man auf eine hohe Temperatur der Vergasungsluft Wert legt, wie dies bei Abstichbetrieb des Vergasers der Fall wäre. Die Entspannungsturbine *2''* kann hier zum Antrieb der Pumpe *8* oder einer anderen Hilfsmaschine verwendet werden.

Für den *offenen* Gasturbinenprozeß mit direkter Verbrennung des Gases in der Brennkammer ist im Falle der Anwendung von festen Brennstoffen die Vorschaltung eines Vergasers das Gegebene, solange für die direkte Druckverbrennung der Kohle noch keine den betrieblichen Ansprüchen genügende Lösung gefunden wird. Es kommt hiefür sowohl der unter atmosphärischem Druck arbeitende Gaserzeuger als auch der Druckvergaser in Frage. Auch hier werden im allgemeinen der wirtschaftliche Brennkammer- und Vergaserdruck mehr oder weniger voneinander abweichen, so daß ähnliche Lösungen wie die in Abb. 32 gezeigten gewählt werden müssen. Im Schema *a* ist die Kombination einer Gasturbine nach dem offenen Verfahren mit einem atmosphärischen Gaserzeuger, im Bild *b* mit einem Druckvergaser dargestellt. Die Vergasungsluft wird nach der Schaltung *a* durch das Gebläse *3''* angesaugt, im Wärmeaustauscher *6'*, der durch einen Teilstrom der Abgase beheizt wird, erhitzt und dem Gasgenerator *4* zugeführt. Das Gebläse hat lediglich die Widerstände des Gaserzeugers, Wärmeaustauschers und der Rohrleitungen zu überwinden. Die Verdichtung des erzeugten Gases auf den Brennkammerdruck erfolgt mittels des Verdichters *3'*. Wegen der nachträglichen Verdichtung des Gases muß es abgekühlt werden. Ist eine solche Abkühlung wegen der Nebenproduktengewinnung nicht ohnehin notwendig, so bedeutet der Entzug der fühlbaren Gaswärme eine nicht unerhebliche Verschlechterung des Wirkungsgrades. Die Erzeugung des für die Vergasung benötigten Dampfes kann auch hier durch Einbau von Rohrschlangen in die Brennkammer geschehen. Der dadurch entstehende Wärmeentzug ersetzt einen Teil der ohnehin erforderlichen Kühlluft.

Abb. 31 b zeigt die Kombination des offenen Gasturbinenprozesses mit der Druckvergasung. Hier wird die Vergasungsluft hinter dem Verdichter *3* entnommen. Der Verdichter *3'* dient zur Überwindung der Druckverluste im Wärmeaustauscher, im Vergaser und in den Rohrleitungen. Der Antrieb des Zusatzverdichters *3'* erfolgt wie beim geschlossenen Prozeß durch die Entspannungsturbine *2'*. Die Dampferzeugung ist in gleicher Weise wie bei den bisher besprochenen Möglichkeiten gedacht.

12. Übersicht über den technischen Stand der Vergasung von festen Brennstoffen.

Nach dem vorhin Gesagten ist die Verwendbarkeit fester Brennstoffe für Gasturbinenkraftwerke davon abhängig, ob wirtschaftlich arbeitende, den von der Brennseite her gestellten Ansprüchen genügende und betrieblich befriedigende Gasgeneratoren zur Verfügung gestellt werden können. Es ist daher zu prüfen, welche bereits betriebsreifen Generatorbauarten am ehesten entsprechen und welche Vorschläge eine Weiterentwicklung rechtfertigen. In der nachstehenden Tabelle wurde versucht, die verschiedenen Vergasungsverfahren zusammenzustellen.

	Vergasung bei atmosphärischem Druck	Druckvergasung (bis 30 at)
Drehrostgeneratoren	vielfach ausgeführt	ausgeführt
Abstichgeneratoren (mit flüssigem Schlackenabzug)	ausgeführt	in Entwicklungsansätzen
Staubgasgeneratoren	im erweiterten Versuchsstadium	noch nicht entwickelt

Von den unter *atmosphärischem* Druck arbeitenden Bauarten scheidet der *Drehrostgenerator* für größere Anlagen wegen seiner zu geringen spezifischen Leistung aus. Man baut ihn bis zu einem lichten Durchmesser von etwa 3 m und einem Durchsatz von 35 t/Tag. Bei guten, für die Vergasung besonders geeigneten Brennstoffen kann man auch auf Durchsatzleistungen bis 50 t/Tag herankommen. Der Eisen- und Bedienungsaufwand ist zu groß, auch ist das Brennstoffprogramm sowohl hinsichtlich der Körnung als auch der Eigenschaften (Backfähigkeit) zu stark eingeengt. Eine Abwandlung des Drehrostgenerators stellt der

Schwelschachtgenerator dar, bei dem der obere Teil als Schwelschacht ausgebildet ist. Für seine Verwendung gibt bei höherem Teergehalt der Kohle die größere Wirtschaftlichkeit den Anreiz. Die Anlagekosten liegen um etwa 20 bis 25% höher als die des normalen Drehrostgenerators.

Der *Abstich-Gaserzeuger* mit flüssigem Schlackenabzug weist zwar gegenüber den Drehrostgeneratoren eine erweiterte Brennstoffgrundlage auf, bezüglich der Körnung und Backfähigkeit der Kohle besteht aber auch hier die gleiche Einengung. Für den Abstichgasgenerator spricht seine größere spezifische Leistung, die nach den bisherigen Erfahrungen etwa das Vier- bis Fünffache derjenigen des Drehrostgenerators beträgt und die ihn für größere Durchsatzleistungen, wie sie für Gasturbinenanlagen in Frage kommen, geeignet erscheinen lassen. Auch der Wegfall von beweglichen Innenteilen muß als Vorteil angesehen werden. Der Abstich-Gaserzeuger benötigt keinen oder nur einen sehr geringen Dampfzusatz. Er ist durch eine sehr hohe Gasaustrittstemperatur gekennzeichnet, die im Bereich von etwa 800 bis 1000° C liegt. Sie ist dann nachteilig, wenn das Gas zwecks Durchführung einer Naßreinigung oder Teerabscheidung oder mit Rücksicht auf die Verdichtung abgekühlt werden muß. Das hohe Temperaturniveau des Abstichgenerators hat auch eine große fühlbare Wärme der Schlacke zur Folge, die den Vergasungswirkungsgrad ungünstig beeinflußt. Ein weiterer Nachteil des Abstichgenerators ist ähnlich wie beim Abstichkessel (Schmelzkammerkessel) der geringe Regelbereich. Die untere Belastungsgrenze kann mit etwa 40% der Vollast angesetzt werden.

Der *Staub-Gaserzeuger* nach Vorschlägen von *Winkler, Flesch* und *Koppers* weist gegenüber den erwähnten Bauarten eine sortenmäßig stark erweiterte Brennstoffgrundlage auf und stellt an Körnung, Festigkeit und Aschengehalt des Brennstoffes keine oder nur geringfügige Anforderungen. Ferner sind bei der in der Schwebe erfolgenden Staubvergasung die bei Vergasung im Schacht störenden Eigenschaften, wie Backen, Blähen usw., belanglos. Auch hohe Aschengehalte — beim Winkler-Generator bis 40% und mehr — stören den Verlauf des Prozesses nicht. Mit dem Abstichgenerator hat der Staub-Gaserzeuger den Fortfall von beweglichen Teilen gemeinsam. Auch der Staubvergaser kann für große Leistungen gebaut werden; sie sind für seinen wirtschaftlichen Betrieb sogar Voraussetzung. Einheiten mit etwa 20000 nm^3/h Gasabgabe sind durchaus möglich. Die apparativen Schwierigkeiten liegen vorzugsweise in der Trennung von Staub und Gas. Nachteilig sind die sehr hohen Gasaustrittstemperaturen, die in der Größenordnung von 900 bis 1100° C liegen, und der bei den Ver-

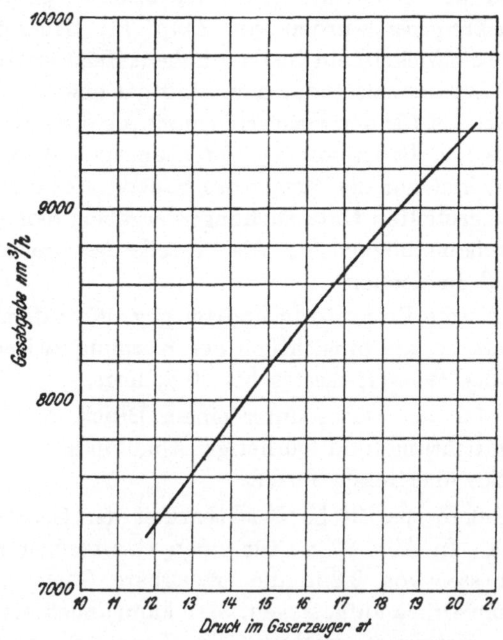

Abb. 33. **Belastbarkeit eines Drehrost-Druckgaserzeugers (Innendurchmesser 2800 mm) in Abhängigkeit vom Betriebsdruck.**

suchsanlagen bisher festgestellte schlechte Wirkungsgrad, der auf den Verlust der flüchtigen Bestandteile in der Oxydationszone zurückzuführen ist, die dort zu Kohlensäure und Wasserstoff verbrennen. Es ist möglich, die fühlbare Wärme des Gases z. B. durch direkte Zuführung zur Brennkammer auszunützen. So ergeben sich in der Ausführungsweise einer Versuchsanlage Wirkungsgrade in der Größenordnung von rd. 80%. Der Regelbereich liegt beim Winkler-Generator nach den bisherigen Erfahrungen zwischen 30 und 100% der Höchstbelastung. Bei der Beurteilung des Staubvergasers muß berücksichtigt werden, daß er die jüngste

Konstruktion darstellt und sich im Anfang seiner Entwicklung befindet. Es ist daher heute noch weniger eine abschließende Stellungnahme möglich als bezüglich des Abstich-Gaserzeugers.

Die *Druckvergasung* wurde bisher nur bei Drehrostgeneratoren angewandt. Für einen unter Druck arbeitenden Abstich-Gaserzeuger sind nur Entwicklungsansätze bekannt geworden. Die *Drehrost-Druckvergaser* wurden von *Lurgi* für Sauerstoffbetrieb mit dem Ziele entwickelt, ein Gas mit hohem Heizwert zu erhalten, das in seiner Zusammensetzung dem Stadtgas bzw. dem Synthesegas entspricht. Da für den Gasturbinenbetrieb der hohe Heizwert bedeutungslos und Sauerstoff als Vergasungsmittel viel zu teuer ist, so kommt hier nur der Ersatz des Sauerstoffes durch Luft in Frage. Die angestellten Untersuchungen ergaben, daß ein Betrieb mit Luft durchaus möglich ist. Als Vorteile des Drehrost-Druckvergasers sind zu nennen:

1. Eine breitere Brennstoffgrundlage gegenüber dem normalen Drehrostgenerator, die hinsichtlich der Körnung zwischen 2 und 30 mm und des Wassergehaltes bis 30% liegt.

2. Der Anfall des Gases unter einem Druck, der eine nachträgliche Verdichtung und vorherige Abkühlung des Gases zu diesem Zwecke überflüssig macht.

3. Die größere spezifische Belastbarkeit der Gaserzeuger bei hohem Druck. In Abb. 33 ist für einen Gaserzeuger mit einem Innendurchmesser von 2,8 m die erzeugbare Gasmenge in Abhängigkeit vom Druck aufgetragen. Man kann annehmen, daß sich bei gleichem Vergaserquerschnitt die Leistung ungefähr proportional mit der Quadratwurzel aus dem Druck ändert. Für die bisher ausgeführte Bauweise des Druckgaserzeugers hat sich als günstigster Druckbereich etwa 20 bis 30 at ergeben.

4. Die Gewinnung der Wertstoffe durch Dahinterschaltung einer Gaskondensation und -wäsche mit verhältnismäßig geringfügigem Aufwand.

Diesen Vorzügen des Druckgaserzeugers stehen auch Nachteile gegenüber. Als solche sind zu nennen:

1. Die Erschwerung des Betriebes durch das Einschleusen des Brennstoffes und das Ausschleusen der Asche. Die Verwertung des Schleusengases erfordert zusätzliche Maßnahmen.

2. Die Unzugänglichkeit des Vergasers während des Betriebes.

3. Ein höherer Frischdampfbedarf gegenüber den anderen Bauarten, der den Gesamtwirkungsgrad der Anlage wegen des zusätzlichen Verlustes an Verdampfungswärme herabsetzt.

Über den *Abstich-Druckgasgenerator* liegen noch keine Unterlagen vor. Abgesehen von der Vermeidung des Drehrostes ist bei Übergang auf flüssigen Schlackenabzug eine Erhöhung der spezifischen Leistung zu erwarten, die sich auch kostenmäßig günstig auswirken würde. Bezüglich der hohen Gastemperatur gilt auch hier das vorhin Gesagte.

13. Anforderungen an Gaserzeuger für Gasturbinenanlagen und Gesichtspunkte für ihre Weiterentwicklung.

Eine Prüfung der Eignung der zur Verfügung stehenden Vergaserbauarten mußte zur Erkenntnis führen, daß die auf der Vergasungsseite zu lösenden Aufgaben ungleich schwieriger und vielgestaltiger sind als auf der Turbinenseite. Handelt es sich beim Turbinenteil in erster Linie um Auslegung, Regelung und Schaltungsfragen und um die Beherrschung der Werkstoffbeanspruchung bei hohen Temperaturen, so sind auf dem Gebiete der Vergasung grundsätzliche Probleme zu lösen. Es muß erst eine durchgreifende Entwicklung eingeleitet werden, um eine den Anforderungen des Gasturbinenbetriebes entsprechende Vergaserbauart zur Verfügung stellen zu können. Die an die Gasgeneratoren zu stellenden Ansprüche können wie folgt umrissen werden:

1. Der Gaserzeuger muß für eine möglichst breite Brennstoffgrundlage verwendbar sein. Dies gilt vor allem in Bezug auf Korngröße und auf Feuchtigkeit der Rohkohle. Es ist anzustreben, die Vortrocknung möglichst im Vergaserschacht selbst durchzuführen, um umfangreiche Trocknungsanlagen mit ihren zusätzlichen Verlusten zu vermeiden.

2. Das erzeugte Gas muß zünd- und brennfähig sein und soll einen möglichst hohen CO-Gehalt besitzen. Außerdem ist ein geringer Staubgehalt des Gases hinter dem Generator notwendig.

3. Der Wirkungsgrad des Generators muß im Interesse der Wirtschaftlichkeit des Gesamtprozesses möglichst hoch sein. Der geforderte gute Wirkungsgrad setzt voraus, daß der Kohlenstoffumsatz möglichst vollständig ist. Er verlangt daher Niedrighaltung der Rückstände und Flugkoksverluste.

4. Hoher Heizwert und Methangehalt des Gases, die bei der Ferngasversorgung angestrebt werden, haben, wie im 6. Abschnitt dargelegt, hier keine Bedeutung, da Wirtschaftlichkeit und Auslegung der Turbine dadurch nicht beeinflußt werden.

5. Sollte eine Abkühlung des Gases zwecks Durchführung einer Naßreinigung oder der Teerabscheidung bzw. bei Generatoren unter atmosphärischem Druck mit Rücksicht auf die nachfolgende Verdichtung notwendig sein, muß eine möglichst niedrige Gasaustrittstemperatur aus dem Gaserzeuger gefordert werden, um die Verluste an fühlbarer Wärme herabzusetzen oder kostspielige Wärmeaustauscher zu vermeiden.

6. Wirtschaftlichkeit, Raumbedarf und Bedienungsaufwand lassen möglichst große Einheitsleistungen als wünschenswert erscheinen. Es verdienen daher Bauarten mit hoher spezifischer Querschnittsbelastung den Vorzug. Dieser Forderung steht die nach Niedrighaltung des Staubgehaltes entgegen, so daß diese beiden Gesichtspunkte aufeinander abgestimmt werden müssen.

7. Wird Kohle mit hohem Bitumengehalt vergast, so soll die Teergewinnung ohne Änderung des konstruktiven Aufbaues des Gasgenerators durchgeführt werden können.

Diese Anforderungen stellen eine wesentliche Ausweitung der bisher üblichen Ansprüche an Gasgeneratoren dar. Ein Vergleich mit den Eigenschaften der bekannten und betriebsreifen Gasgeneratorbauarten zeigt, daß keine den gestellten Bedingungen entspricht, so daß für den besonderen Zweck des Gasturbinenbetriebes erst eine geeignete Konstruktion entwickelt werden muß. Diese notwendige Weiterentwicklung wird zweifellos für den Gaserzeugerbau im allgemeinen nutzbringend sein, so daß der Wert solcher Arbeiten über die hier gesteckte Zielsetzung hinausreicht.

In welcher Richtung soll nun die Weiterentwicklung der Gaserzeuger vor sich gehen? Zunächst muß man sich darüber klar werden, ob man der Vergasung bei höheren Drücken oder bei atmosphärischem Druck den Vorzug geben soll. Für den geschlossenen Gasturbinenprozeß konnte, wie im 11. Abschnitt erörtert wurde, aus Untersuchungen über die Vergasung vor Dampfkesseln der Schluß gezogen werden, daß nur eine Druckfeuerung in Verbindung mit der Druckvergasung eine Wirtschaftlichkeit verspricht. Beim offenen Gasturbinenprozeß ist jedoch diese Frage offen. Eingehende Studien, welche für die im 17. Abschnitt beschriebene Versuchsanlage angestellt worden sind, zeigten eindeutig die kleinere Verdichtungsarbeit bei der Druckvergasung. Für diese Anlage, deren Leistung mit 12,5 MW vorgesehen wurde, ergaben sich folgende Zahlen:

Vergaserdruck	at a	1	20
Wärmeleistung	10^6kcal/h	37,5	37,5
Gasmenge	nm³/h	25000	20000
Brennstoffmenge	t/h	11,3	11
Vergasungsluft	nm³/h	15450	7600
Verbrennungsluft	nm³/h	33500	36900
Summe	nm³/h	48950	44500
Es sind zu verdichten:			
Vergasungsluft	nm³/h	—	7600
Verbrennungsluft	nm³/h	33500	36900
Brenngas	nm³/h	25000	—
Summe	nm³/h	58500	44500

Bei dieser Gegenüberstellung wurde die zusätzliche notwendige Luftmenge zur Herabsetzung der Turbineneintrittstemperatur als in beiden Fällen gleich groß außer acht gelassen. Der Vergleich läßt die erheblich größere Verdichtungsarbeit bei der atmosphärischen Vergasung klar erkennen. Hiezu kommt noch, daß bei Anlagen mit atmosphärischer Vergasung *ohne* Nebenproduktengewinnung die Verhältnisse noch dadurch ungünstiger werden, daß mit Rücksicht auf den Verdichterbetrieb das Gas unter allen Umständen auf 15 bis 20° C abgekühlt werden muß, während bei der Druckvergasung, selbst wenn man nicht mit einer Trockenentstaubung zurecht käme und Naßentstaubung wählen müßte, nur eine Abkühlung des Gases auf 150° C notwendig wäre. Bei der atmosphärischen Vergasung verliert man entweder den größten Teil der fühlbaren Wärme des Gases oder man muß sehr umfangreiche Wärmeaustauscheinrichtungen einbauen. Diese Überlegenheit der Druckvergasung zusammen mit den im 12. Abschnitt genannten weiteren Vorteilen überwiegt die dort gleichfalls angeführten Nachteile so erheblich, daß die Druckvergasung als die zweckmäßigere Grundlage für die weiteren Arbeiten betrachtet wurde.

Man muß sich aber nach dem vorhin Gesagten darüber klar sein, daß die bisher ausgeführte Bauart des Drehrost-Gaserzeugers nur als eine Anfangslösung angesehen werden kann, um den Ersatz des Sauerstoffes durch Luft als Vergasungsmittel, den Staubgehalt des Gases, die Möglichkeit der Trockenentstaubung bei hohen Drücken erproben und wirtschaftliche und betriebliche Fragen studieren zu können, die sich aus der Kombination von Gasgeneratoren und Gasturbinen ergaben.

Die weitere Entwicklung muß zu den unter Druck arbeitenden Staubvergasern führen. Der Betrieb mit Staub würde die Einbringung des Brennstoffes in den Druckraum erleichtern, auch könnte bei der Vergasung in der Schwebe der Wasserdampfzusatz geringer gehalten werden. Man wird auch hiebei an den flüssigen Schlackenabzug denken, wenn man ein universelles Brennstoffprogramm anstrebt. Ein solcher Abstich-Gaserzeuger unter Druck stellt absolutes Neuland dar. In ihm zeichnet sich aber die Lösung ab, die den zu stellenden Aufgaben am nächsten kommt. Es wird daher eine wichtige Aufgabe auf dem Wege zu einer allgemeineren Einführung des Gasturbinenprozesses sein, einen solchen Staubgaserzeuger unter den Gesichtspunkten der Niedrighaltung der Verluste systematisch weiterzuentwickeln.

14. Die Trocknung der Kohle hoher Feuchtigkeit und ihr Einfluß auf den Wärmeverbrauch.

Im 12. Abschnitt wurde darauf hingewiesen, daß die bisher gebräuchlichen Vergaserbauarten nur Kohle mit begrenztem Wassergehalt verarbeiten können. Die zulässige Feuchtigkeit richtet sich nach dem Vergasersystem und liegt im allgemeinen zwischen 15 und 30 %, wobei nach den bisherigen Erfahrungen der letztgenannte Wert für Drehrost-Druckvergaser noch als tragbar angesehen werden kann. Diese Begrenzung des Wassergehaltes bedeutet für die Verwendung der Vergasung eine Einengung, zumal die meisten Braunkohlensorten eine höhere Feuchtigkeit aufweisen. Wie weit eine Erhöhung der Feuchtigkeit beim Drehrost-Druckvergaser und bei den noch zu entwickelnden Staubgaserzeugern mit Abstichbetrieb möglich ist, müssen erst die Erfahrungen zeigen. Nach dem gegenwärtigen Stand des Vergaserbaues wäre jedenfalls für Kohle mit hoher Feuchtigkeit eine Vortrocknung vorzusehen.

Zunächst muß man sich über das in Verbindung mit Gasturbinenanlagen zweckmäßigste Trocknungsverfahren schlüssig werden. Dampfbeheizte Trockner scheiden von vornherein aus, da Dampf nicht in genügender Menge zur Verfügung steht. Da bei den für die Kombination mit Gasturbinenanlagen in erster Linie in Frage kommenden Druckgaserzeugern bei deren heutigem technischem Stand eine bestimmte Mindestkorngröße (2 mm) nicht unterschritten werden soll, muß man darauf sehen, die Trocknung möglichst behutsam durchzuführen, um den Zerfall der Trockenkohle und ihren zu großen Abrieb zu vermeiden. Diese Forderung bedeutet möglichst kurze Förderwege mit einem Minimum von Abwurfstellen und eine Trocknerkonstruktion, die dieser Forderung entspricht. Unter den bekannten Arten schien der sogenannte *Turbinentrockner* für diesen Zweck geeignet zu sein. Er gestattet die Trocknung mit heißen Gasen durchzuführen, schont das Korn und ist auch verhältnismäßig wirtschaftlich im Betrieb.

Im Zusammenhang mit der im 17. Abschnitt beschriebenen Versuchsanlage (Rohkohle mit $H_u = 1950$ kcal/kg, $x = 54\,\%$) wurde die Beheizungsweise der Trocknungsanlage eingehend untersucht. Es bestehen hiefür grundsätzlich drei Möglichkeiten:

1. durch Turbinenabgase,
2. durch Gasabkühlung,
3. durch Feuergase.

Bei Verwendung von *Turbinenabgasen* müßte zur Vortrocknung auf 30 % etwa die Hälfte der verfügbaren Abgasmenge für diesen Zweck abgezweigt werden. Wenn auch ein solches Verfahren eine zweckmäßige Abwärmeverwertung darstellen würde, so sah man doch von ihrer Verwirklichung wegen des hohen Luftüberschusses in den Abgasen ab. Obwohl nur eine Trocknung auf 30 % Wassergehalt erreicht werden sollte und demnach nicht zu erwarten gewesen wäre, daß die Kohle wesentlich über 200° C erwärmt würde, könnte bei unsachgemäßer Bedienung des Trockners doch stellenweise eine höhere Temperatur auftreten und Brände im Trockner herbeiführen. Die *Gasabkühlung* wurde im Zusammenhang mit dem Vorschlag von *Lurgi*, das Gas in einer Naßwäsche zu reinigen, erwogen. Bei der Abkühlung des Gases von ursprünglich 390° C auf 145° C hätten bei der Versuchsanlage 18500 nm³/h rund 3 Mio kcal/h abgegeben, so daß zusätzlich noch 6 Mio kcal/h für die Trocknung auf anderem Wege aufzubringen gewesen wären. Die Möglichkeit, die genannte Wärmemenge von 3 Mio kcal/h auch für die Luftvorwärmung bis 100° C verwenden zu können, das Bestreben, die Naßwäsche überhaupt durch eine Trockenentstaubung zu ersetzen und die Notwendigkeit, das Feinkorn und den Abrieb irgendwie nutzbar zu verwerten, ließ den Entschluß reifen, für die Trocknung Feuergase aus einer gesonderten Feuerung zu verwenden, die mit Feinkohle und Abrieb beschickt wird. Im Hinblick auf den nach unten eingeschränkten Körnungsbereich der Kohle für den Betrieb des Gaserzeugers schien diese Lösung brennstoffwirtschaftlich am günstigsten zu sein.

Die Vortrocknung der Kohle verursacht einen *Mehrwärmeaufwand,* der bei der Beurteilung des spezifischen Wärmeverbrauches der Anlage berücksichtigt werden muß. Bezeichnet man mit

w den Wärmeverbrauch *ohne* Vortrocknung der Kohle [kcal/kWh]

w' den Wärmeverbrauch *mit* Vortrocknung der Kohle [kcal/kWh]

so kann die Beziehung angeschrieben werden:

$$w' = \tau \cdot w \qquad \text{[kcal/kWh]}$$

Bedeutet

H_u den unteren Heizwert der Rohkohle [kcal/kg]

x_1 die Feuchtigkeit der Rohkohle [%]

x_2 die Feuchtigkeit der Rohkohle *nach* der Trocknung [%]

Δx die durch die Trocknung ausgetriebene Wassermenge [%]

η_{tr} den Wirkungsgrad des Trockners

Δi die für die Verdampfung von 1 kg Wasser aufzuwendende Wärmemenge [kcal/kg],

so kann der Ansatz gemacht werden

$$\frac{x_1 - \Delta x}{100 - \Delta x} \cdot 100 = x_2 \qquad [\%]$$

Daraus ist

$$\Delta x = \frac{100\,(x_1 - x_2)}{100 - x_2} \qquad [\%]$$

Der Wärmeverbrauch für die Trocknung von 1 kg Rohkohle im Trockner beträgt:

$$\frac{\Delta x}{100} \cdot \frac{\Delta i}{\eta_{tr}} \qquad \text{[kcal/kg]}$$

Je kWh sind ohne Trockner $\frac{w}{H_u}$ kg Rohkohle notwendig. Daher ergibt sich, daß der zusätzliche Wärmeverbrauch je kWh zu

$$\frac{\Delta x}{100} \cdot \frac{w \cdot \Delta i}{H_u \cdot \eta_{tr}} = \frac{x_1 - x_2}{100 - x_2} \cdot \frac{w \cdot \Delta i}{H_u \cdot \eta_{tr}} \quad [\text{kcal/kWh}]$$

$$w' = w + \frac{x_1 - x_2}{100 - x_2} \cdot \frac{w \cdot \Delta i}{H_u \cdot \eta_{tr}} = w\left(1 + \frac{x_1 - x_2}{100 - x_2} \cdot \frac{\Delta i}{H_u \cdot \eta_{tr}}\right) [\text{kcal/kWh}]$$

$$\tau = 1 + \frac{x_1 - x_2}{100 - x_2} \cdot \frac{\Delta i}{H_u \cdot \eta_{tr}} \tag{8}$$

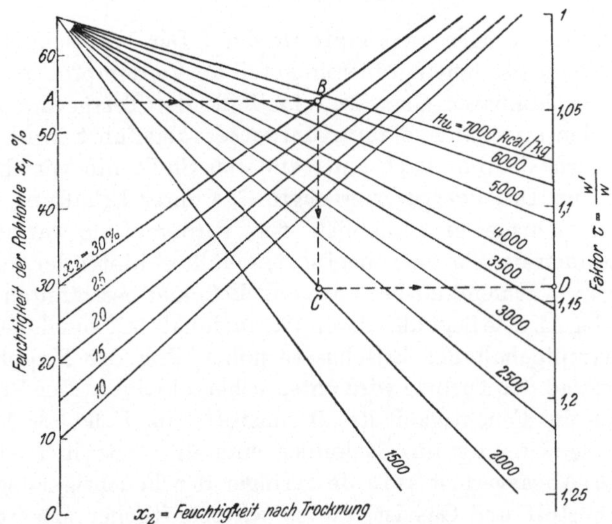

Abb. 34. Zusammenhang zwischen Feuchtigkeit der Rohkohle x_1, der getrockneten Kohle x_2, dem Heizwert H_u und dem Faktor τ
w = Wärmeverbrauch ohne Vortrocknung
w' = „ mit „
Wirkungsgrad des Trockners $\eta_{tr} = 0.76$
Aufzuwendende Wärmemenge $\Delta i = 625$ kcal/kg H_2O

In Abb. 34 ist diese Formel in einer Rechentafel ausgewertet, die für verschiedene Werte von x_1, x_2 und H_u die Ablesung des Faktors τ gestattet. Das eingetragene Beispiel für $x_1 = 54\,\%$, $x_2 = 30\,\%$ und $H_u = 2000$ kcal/kg zeigt den Gebrauch der Tafel. Für diese Voraussetzungen ergibt sich $\tau = 1{,}142$, d. h. der Mehrwärmeverbrauch beträgt 14,2 %. Würde man die Vorwärmung bis auf eine Feuchtigkeit von 20 % treiben, so hätte dies eine Erhöhung des Faktors τ auf 1,178 zur Folge. Bei feuchter Kohle spielt also der

Mehrverbrauch infolge der Vortrocknung eine ganz erhebliche Rolle.

Diese Feststellungen über den Einfluß der Vortrocknung der Kohle auf den Wärmeverbrauch dürfen aber nicht zu dem Trugschluß verleiten, daß bei einer Vortrocknung auf 30 % statt auf 20 % 17,8—14,2 = 3,6 % an aufzuwendender Wärme gespart werden. Im ersten Falle muß auf das Rohkohlengewicht bezogen

$$\varDelta x = \frac{100\,(30-20)}{100-20} = 12{,}5\,\% \quad \text{Wasser}$$

mehr im Gaserzeuger verdampft werden. Der Wärmeinhalt des Gases enthält also einen größeren Anteil an Verdampfungswärme, die mit der fühlbaren Gaswärme im Falle der Teergewinnung in der Kondensationsanlage im Kühlwasser abgeführt wird. Der Verlust wird also nur nach einer anderen Stelle hin verschoben. Wird das im Druckvergaser erzeugte Gas unter Erhaltung seiner fühlbaren Wärme einschließlich der Verdampfungswärme der Brennkammer der Turbine zugeführt, so fällt es hinter der Turbine mit seinem Wärmeinhalt bei 1 ata an. Bei einer bestimmten Temperatur der Abgase liegt also deren Wärmeinhalt mit zunehmendem Wasserdampfgehalt des Frischgases höher, d. h. der Kupplungswirkungsgrad der Turbine wird entsprechend kleiner. Der Verlust, der durch die Feuchtigkeit des Brennstoffes im Falle der Nebenproduktengewinnung im Gaskühler entsteht, tritt hier als zusätzlicher Abgasverlust auf. Je geringer der Feuchtigkeitsgehalt von Brennstoff und Gas ist, um so wirtschaftlicher arbeitet die Anlage. Sinngemäß entspricht dies auch der Auswirkung der Kohlenfeuchtigkeit auf den Wirkungsgrad eines Dampfkessels mit Kohlenfeuerung. Mit zunehmender Feuchtigkeit erhöhen sich auch hier die Abgasverluste, die eine entsprechende Wirkungsgradeinbuße verursachen. Abb. 35 zeigt die Abhängigkeit des Kesselwirkungsgrades vom Heizwert der Kohle bei konstanter Abgastemperatur, wobei die Veränderung des Heizwertes als durch den Wassergehalt bedingt vorausgesetzt wurde. Wie man sieht, ergeben große Feuchtigkeitswerte des Brennstoffes auch bei Kesseln niedrige Wirkungsgrade.

Die Verdampfung der im Brennstoff enthaltenen Feuchtigkeit im Vergaser hat gegenüber der Vortrocknung jedoch den Vorteil, daß der Trocknungsverlust kleiner ist, da der Prozeß nicht mit dem unterhalb 80 % liegenden Trocknerwirkungsgrad, sondern mit dem thermischen Wirkungsgrad des Vergasers behaftet ist, der bei etwa 95 bis 96 % liegt. Für gleiche Wasserverdampfung verringert sich also der zusätzliche Wärmeaufwand um

$$100 - \frac{0{,}76 \cdot 100}{0{,}96} = 21\,\%$$

Gelingt es, das im 13. Abschnitt gesteckte Ziel zu erreichen und Gaserzeuger zu schaffen, die auch das Feinkorn verarbeiten können, wobei das Problem der Nutzbarmachung von Feinkohle und Abrieb wegfällt, so wäre anzustreben, die Trocknung feuchter Kohle im Gaserzeuger selbst durchzuführen. Dies wird bei Gaserzeugern, die mit hoher Austrittstemperatur arbeiten, wie z. B. dem Abstichgaserzeuger, leichter möglich sein als beim Drehrost-Druckvergaser; aber auch bei diesem wurde der Gedanke erwogen, die Bauhöhe zu vergrößern und im oberen Teil Einbauten vorzusehen, in dem ein Teil des erzeugten Gases mit Luft verbrannt und die Kohle auf diesem Wege durch Abgase getrocknet wird. Allerdings hätte eine solche Lösung bei dieser Vergaserbauart nur dann Bedeutung, wenn das von ihr nicht zu verarbeitende Feinkorn einer anderen Verwendung zugeführt werden kann. Beim Staubgaserzeuger scheint es dagegen möglich, die feuchte Braunkohle durch das erzeugte Gas mit rund 1000° C Temperatur im aufsteigenden Gasstrom zu trocknen bzw. bei Vermahlung der Kohle eine Mahltrocknung mit einem Teil der heißen Vergasungsluft vorzunehmen. Man könnte bei diesem System von vornherein die Entwicklungsarbeiten auf die Trocknung feuchter Kohle im Vergaser selbst abstellen. Eine eventuell notwendig werdende größere Höhe des Gaserzeugers wird auch baulich sicherlich billiger werden als die Errichtung einer Trocknungsanlage, über deren Umfang die Abb. 44 einen Begriff gibt.

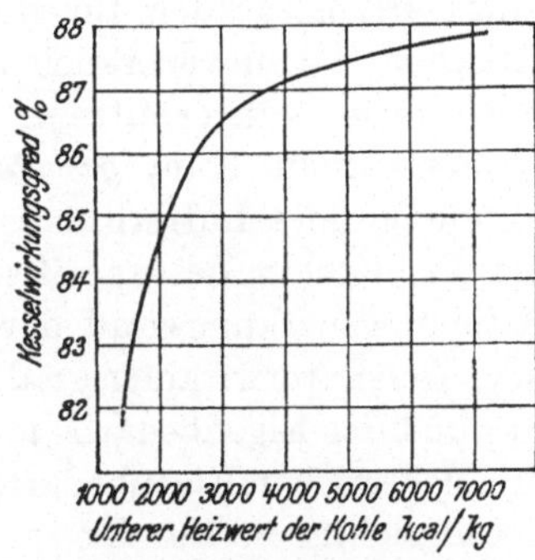

Abb. 35. Wirkungsgrad eines Dampfkessels in Abhängigkeit vom Heizwert des Brennstoffes.

Höchste Dauerleistung	100 t/h
Betriebsdruck	80 atü
Frischdampftemperatur	500° C
Speisewassertemperatur	150° C
Abgastemperatur	180° C
Luftaufwärmung	250° C
CO_2-Gehalt in den Abgasen	13,5 %

15. Der Wärmeverbrauch von Gasturbinenkraftwerken.

Für die Beurteilung der wirtschaftlichen Aussichten des Gasturbinenprozesses für die Elektrizitätserzeugung ist nicht der Kupplungswirkungsgrad sondern der spezifische Wärmeverbrauch je nutzbar abgegebener kWh, bezogen auf die der Anlage zugeführte Kohlenmenge maßgebend. Es soll daher versucht werden, ausgehend von den im II. Hauptabschnitt angegebenen Kupplungswirkungsgraden für die verschiedenen Verfahren den spezifischen Wärmeverbrauch w in Abhängigkeit von der Anfangstemperatur t zu ermitteln.

Setzt man beim *geschlossenen* Gasturbinenprozeß die Verwendung eines Lufterhitzers mit Kohlenfeuerung voraus, so sind bei Ermittlung des spezifischen Wärmeverbrauches neben dem Kupplungswirkungsgrad der Wirkungsgrad des Lufterhitzers η_L, der Generatorwirkungsgrad η_G, der Umspannerwirkungsgrad η_U und der Eigenbedarfsanteil ε, d. i. der verhältnismäßige Anteil des elektrischen Eigenbedarfes zur Zeit der höchsten Belastung, zu berücksichtigen. Für den spezifischen Wärmeverbrauch kann demnach die Formel aufgestellt werden:

$$w = \frac{860\,(1 + \varepsilon)}{\eta_G \cdot \eta_U \cdot \eta_L \cdot \eta_K} \quad [\text{kcal/kWh}] \tag{9}$$

Setzt man für die von der Anfangstemperatur unabhängigen Faktoren die Werte:

$$\eta_G = 0{,}965, \quad \eta_U = 0{,}98, \quad \eta_K = 0{,}85$$

und für den Eigenbedarf in Anlehnung an Angaben von *Keller* [8] $\varepsilon = 0{,}06$ ein, so wird

$$w = \frac{860 \cdot 1{,}06}{0{,}965 \cdot 0{,}98 \cdot 0{,}85 \cdot \eta_K} = \frac{1135}{\eta_K} \quad [\text{kcal/kWh}]$$

In Abb. 36 sind unter Benutzung der in Abb. 13 gezeichneten η_K-Kurven für 2 Grenzfälle die Wärmeverbrauchsziffern für einen geschlossenen Prozeß eingetragen.

Stattet man den Lufterhitzer mit einer Druckgasfeuerung unter Vorschaltung eines Druckgasgenerators aus, so ist es für die Ermittlung des Wärmeverbrauches notwendig, sich vorher über die Höhe des Wirkungsgrades der Druckvergasung ein Bild zu machen. In der Literatur und in Projekten findet man verschiedene Definitionen für den Vergasungswirkungsgrad; teils wird auf Seite der abgegebenen Leistung nur der Heizwert des Gases unter Außerachtlassung der fühlbaren Wärme, teils auf Seite der zugeführten nur die Brennstoffwärme berücksichtigt. Um den Vergasungswirkungsgrad für die Bestimmung des Wärmeverbrauches eines Gasturbinenkraftwerkes richtig zu erfassen, sei von dem in Abb. 37

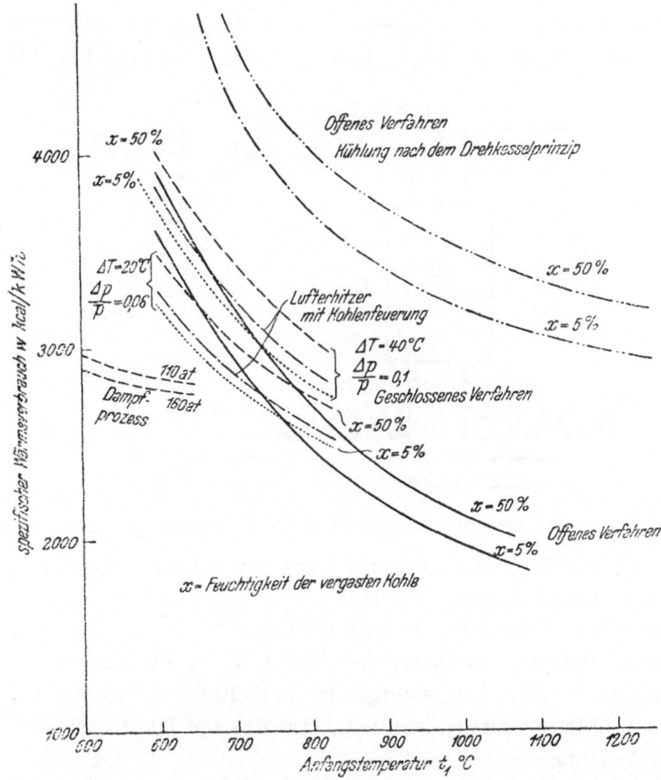

Abb. 36. Spezifischer Wärmeverbrauch von Gasturbinenkraftwerken in Abhängigkeit von der Anfangstemperatur, bezogen auf die nutzbar abgegebene Leistung.

dargestellten Schema ausgegangen. Dabei ist angenommen, daß die zu vergasende Kohle eine gewisse Feuchtigkeit x % besitzt, so daß mit dem erzeugten Gas eine Wasserdampfmenge D'[kg/h] abgeführt wird, deren Wärmeinhalt i'_D.[kcal/kg] beträgt. Dieser gleichfalls überhitzte Wasserdampf gibt seine Wärme sowohl beim geschlossenen als auch beim offenen Prozeß bis auf den Wärmeinhalt $i_{D''}$ der Abgase ab, so daß die Wärmemenge $D' \cdot (i_{D'} - i_{D''})$

[kcal/h] als verwertbar eingesetzt werden kann. Mit den aus Abb. 37 ersichtlichen Bezeichnungen kann für den Vergasungswirkungsgrad folgender Ausdruck angeschrieben werden:

$$\eta_V = \frac{(H_u + i_g) \cdot G + D' (i_D' - i_D'')}{B \cdot H_{uB} + D \cdot i_{D_0} + L_G \cdot i_{L_1}} \tag{10}$$

Für die Drehrost-Druckgasgeneratoren der im 17. Abschnitt beschriebenen Versuchsanlage, die eine Kohle von 30 % Feuchtigkeit

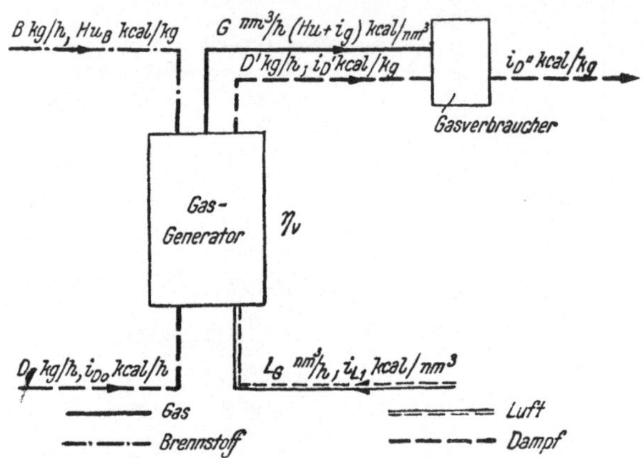

Abb. 37. Schema zur Aufstellung der Wärmebilanz eines Druckgaserzeugers.

verarbeiten sollte, wurden unter Verzicht auf eine Teergewinnung folgende Werte zugrunde gelegt:

Heizwert des Gases $H_u = 1870$ kcal/nm³

Fühlbare Wärme des Gases bei 390° C $i_g = 140$ kcal/nm³

Wärmeinhalt der Vergasungsluft bei 300° C $i_{L_1} = 94$ kcal/nm³

Wärmeinhalt des zuzusetzenden Dampfes bei 20 at 300° C $i_{D_0} =$ $= 748$ kcal/kg

Wärmeinhalt des aus der Kohle ausgetriebenen Wasserdampfes $i_D' = 769$ kcal/kg

Wärmeinhalt des aus der Kohle ausgetriebenen Wasserdampfes in den Abgasen $i_D'' = 645$ kcal/kg

Gaserzeugung $G = 20000$ nm³/h

Vergasungsluftbedarf $L_G = 7600$ nm³/h

Dampfbedarf $D = 7900$ kg/h

Wassergehalt der Kohle $D' = x \cdot B = 0{,}3 \cdot 10500 = 3150$ kg/h

Brennstoffbedarf $B = 10500$ kg/h

Unterer Heizwert des Brennstoffes bei $x = 30\,\%$ 3880 kcal/kg.

Setzt man diese Zahlen in die Formel für η_V ein, so erhält man:

$$\eta_V = \frac{(1870 + 140) \cdot 20000 + 3150 \cdot 124}{3880 \cdot 10500 + 7900 \cdot 748 + 7600 \cdot 94} = \frac{40{,}69 \cdot 10^6}{47{,}37 \cdot 10^6} = 0{,}865$$

Die Verluste dieses Druckgasgenerators betragen somit $V = 13{,}5\,\%$. Sie setzen sich zusammen aus den Verlusten V_0, die durch Abstrahlung, Schlackenwärme, Flugstaub, Teer- und Pechniederschlag und unvollkommene Kohlenstoffumsetzung hervorgerufen werden, und aus dem Aufwand zur Verdampfung der in der Kohle enthaltenen Feuchtigkeit bei atmosphärischem Druck. (Das Arbeitsvermögen des Dampfes von 20 at wurde bereits berücksichtigt.) Sie können somit angeschrieben werden zu:

$$V = V_0 + x \frac{i_D'' - 20}{H_{uB}} \qquad [\%]$$

Für die angeführten Ausgangswerte erhält man:

$$13{,}5 = V_0 + 30 \cdot \frac{645 - 20}{3880} \qquad [\%]$$

$$V_0 = 13{,}5 - 4{,}8 = 8{,}7\,\%$$

Der auf Trockenkohle umgerechnete Wirkungsgrad dieses Druckvergasers nach der oben angeführten Definition kann somit zu $\eta_{V_0} = 91{,}3\,\%$ geschätzt werden. Da unter Druck arbeitende Staubgasgeneratoren noch nicht entwickelt sind und daher über diese keine Angaben vorliegen, so muß man bei den Berechnungen des Wärmeverbrauches von Gasturbinenkraftwerken auf Werte für die bekannten Drehrost-Druckvergaser zurückgreifen. Es sei daher für die weiteren Untersuchungen von den hier ermittelten Zahlen ausgegangen. Um den Einfluß der Kohlenfeuchtigkeit auf den Wärmeverbrauch zu erfassen, wird Kohle mit 5 % und 50 % Feuchtigkeit angenommen. Durch Umrechnung in der oben beschriebenen Weise erhält man dann die Verluste zu

$$V = 8{,}7 + 5 \cdot \frac{625}{3880} = 9{,}5\,\% \text{ bzw.}$$

$$V = 8{,}7 + 50 \cdot \frac{625}{3880} = 16{,}7\,\%$$

Es werden somit folgende Vergasungswirkungsgrade zugrunde gelegt:

bei Kohle mit 5 % Feuchtigkeit $\eta_V = 0{,}905$

bei Kohle mit 50 % Feuchtigkeit $\eta_V = 0{,}833$

Für die Ermittlung des Wärmeverbrauches der Kombination Druckgasgenerator-Lufterhitzer mit Druckfeuerung seien die Ergebnisse einer Untersuchung über Velox-Kessel mit vorgeschalteten Druckgaserzeugern (2) herangezogen, da es sich hiebei um ganz ähnliche Verhältnisse handelt. Der Wirkungsgrad des gasbeheizten Lufterhitzers wird höher liegen als der des mit Kohle befeuerten, jedoch wegen der Schwierigkeiten der Abgasausnutzung nicht die bei Velox-Kesseln erzielten Werte erreichen. Braucht man nur die Vergasungsluft zu verdichten, so zeigt sich, daß die Ladegruppe eine nicht unerhebliche Überschußleistung abgibt, die nutzbar ge-

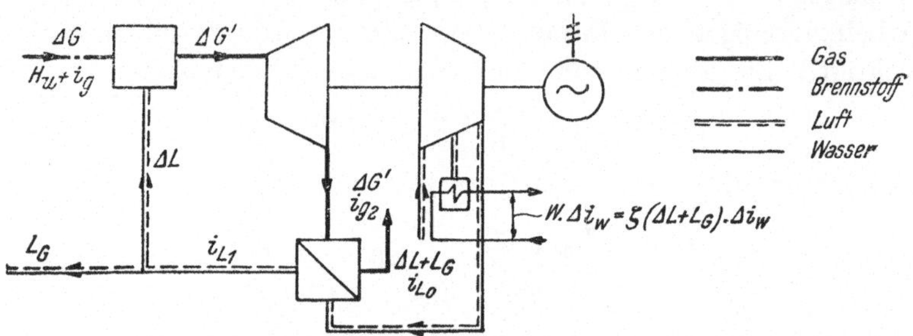

Abb. 38. Schema zur Ermittlung des Wärmeaufwandes für die Verdichtung der Vergasungsluft.

macht werden kann und daher berücksichtigt werden muß. Auch der Eigenbedarf wird durch den Wegfall der Gebläse und einiger sonstiger Hilfsbetriebe kleiner. Es wird mit folgenden Werten gerechnet:

Lufterhitzerwirkungsgrad $\eta_L = 0{,}87$
Eigenbedarfsanteil $\varepsilon = 0{,}03$
Leistungsanfall aus der Ladegruppe $\varepsilon' = 0{,}08$.

Der Wärmeverbrauch des geschlossenen Prozesses mit Vergasung der Kohle wird durch folgende Formel erfaßt:

$$w = \frac{860\,(1+\varepsilon)}{\eta_G \cdot \eta_u \cdot \eta_L \cdot \eta_V (1+\varepsilon')\,\eta_K}$$

Durch Einsetzen der angenommenen Werte erhält man

für Kohle mit 5% Feuchtigkeit $w = \frac{1105}{\eta_K}$, [kcal/kWh]

für Kohle mit 50% Feuchtigkeit $w = \frac{1200}{\eta_K}$, [kcal/kWh]

Auch für diese beiden Fälle sind in Abb. 36 die Wärmeverbrauchskurven des geschlossenen Prozesses eingezeichnet worden.

Um den Wärmeverbrauch des *offenen* Prozesses berechnen zu können, ist zunächst der Arbeitsaufwand für die Verdichtung der

Vergasungsluft zu bestimmen. Das Schema für die Aufstellung der Wärmebilanz gibt die Abb. 38. Außer den schon früher verwendeten Bezeichnungen werden noch eingeführt:

ΔG die für die Verdichtung der Vergasungsluft erforderliche Rohgasmenge [nm³/h]

$\Delta G'$ die der Rohgasmenge ΔG entsprechende Menge an Verbrennungsgasen $= \nu \cdot \Delta G$ [nm³/h]

L_G die Vergasungsluftmenge [nm³/h]

ΔL die der Rohgasmenge entsprechende, der Brennkammer zuzuführende Luftmenge (Verbrennungs- und Kühlluft) $= \lambda \cdot \Delta G$ [nm³/h]

An Hand des Schemas läßt sich folgende Wärmebilanz aufstellen:

$$\Delta G (H_u + i_g) + (\Delta L + L_G) \cdot i_{L_0} = L_G \cdot i_{L_1} + \nu \cdot \Delta G \cdot i_{g_2} + \xi (\Delta L + L_G) \Delta i_w \quad \text{[kcal/h]}$$

Durch Umformung und Berücksichtigung des mechanischen Wirkungsgrades η_m erhält man

$$L_G (i_{L_1} - i_{L_0} + \xi \cdot \Delta i_w) = \Delta G (H_u + i_g) \cdot \left[1 - \frac{\nu \cdot i_{g_2} + \lambda \cdot (\xi \cdot \Delta i_w - i_{L_0})}{H_u + i_g} \right] \eta_m \quad \text{[kcal/h]}$$

Vergleicht man die rechte Seite dieser Gleichung mit Formel (4), so sieht man, daß der Ausdruck in der eckigen Klammer multipliziert mit η_m dem Kupplungswirkungsgrad η_K der Gasturbine entspricht.

$$L_G (i_{L_1} - i_{L_0} + \xi \cdot \Delta i_w) = \Delta G (H_u + i_g) \cdot \eta_K \quad \text{[kcal/h]}$$

Setzt man für

$$L_G = (G + \Delta G) \lambda_G \text{ [nm}^3\text{/h]}$$

ein und löst die Gleichung nach Δ G auf, so erhält man:

$$\Delta G = G \cdot \frac{\lambda_G (i_{L_1} - i_{L_0} + \xi \cdot \Delta i_w)}{(H_u + i_g) \eta_K - (i_{L_1} - i_{L_0} + \xi \cdot \Delta i_w) \cdot \lambda_G} \quad \text{[nm}^3\text{/h]}$$

Führt man für

$$\frac{(i_{L_1} - i_{L_0} + \xi \cdot \Delta i_w) \cdot \lambda_G}{H_u + i_g} = \varphi \tag{11}$$

ein, so wird

$$\Delta G = \frac{G}{\frac{\eta_K}{\varphi} - 1} \quad \text{[nm}^3\text{/h]}$$

und

$$G + \Delta G = \frac{G}{1 - \frac{\varphi}{\eta_K}} \quad \text{[nm}^3\text{/h]}$$

Bezeichnet man mit η_K' den Kupplungswirkungsgrad des offenen Gasturbinenprozesses einschließlich der Verdichtung der Vergasungsluft, so gilt die Beziehung

$$(G + \Delta G)(H_u + i_g) \cdot \eta_K' = 860 \cdot N_K = G(H_u + i_g)\,\eta_K \qquad [\text{kcal/h}]$$

$$\eta_K' = \eta_K \frac{G}{G + \Delta G} = \eta_K \left(1 - \frac{\varphi}{\eta_K}\right)$$

$$\eta_K' = \eta_K - \varphi \qquad (12)$$

Der Wärmeverbrauch des offenen Prozesses kann nach der Formel

$$w = \frac{860\,(1 + \varepsilon)}{\eta_G \cdot \eta_u \cdot \eta_V' \cdot \eta_K'} \qquad [\text{kcal/kWh}]$$

berechnet werden. Allerdings ist beim Einsetzen der Zahlenwerte für den Vergasungswirkungsgrad η_V zu beachten, daß der Aufwand für die Bereitstellung der Vergasungsluft bereits beim Kupplungswirkungsgrad η_K' berücksichtigt wurde. Legt man wieder den Drehrost-Druckgasgenerator der erwähnten Versuchsanlage zugrunde, so errechnet sich für diesen η_V' nach der Formel (10) unter Weglassung des Gliedes $L_G \, . \, i_{L_1}$ zu

$$\eta_V = \frac{(1870 + 140)\,20000 + 3150 \cdot 124}{3880 \cdot 10500 + 7900 \cdot 748} = \frac{40{,}69 \cdot 10^6}{46{,}65 \cdot 10^6} = 0{,}876$$

$$12{,}4 = V_0 + 30 \cdot \frac{645 - 20}{3880} \quad [\%]$$

Bei 30 % Feuchtigkeit der zugeführten Kohle beträgt

$$V_0 = 12{,}4 - 4{,}8 = 7{,}6\,\%\,.$$

Rechnet man die Werte wieder auf $x = 5$ % und $x = 50$ % um, so ergeben sich die Verluste des Vergasers zu

$$V = 7{,}6 + 5 \cdot \frac{625}{3880} = 7{,}6 + 0{,}80 = 8{,}4\,\% \text{ bzw.}$$

$$V = 7{,}6 + 50 \cdot \frac{625}{3880} = 7{,}6 + 8{,}0 = 15{,}4\,\%$$

und die Vergasungswirkungsgrade η_V' zu 0,916 bzw. 0,844. Der Eigenbedarfsanteil kann beim offenen Prozeß nach den Ermittlungen für die erwähnte Versuchsanlage $\varepsilon = 0{,}02$ geschätzt werden. Damit wird unter Benützung der früher für η_u und η_G angenommenen Werte

$$w = \frac{860 \cdot 1{,}02}{0{,}965 \cdot 0{,}98 \cdot 0{,}916 \cdot \eta_K'} = \frac{1000}{\eta_K'} \qquad [\text{kcal/kWh}]$$

für eine Feuchtigkeit der zu vergasenden Kohle von $x = 5\ \%$ und

$$= \frac{860 \cdot 1{,}02}{0{,}965 \cdot 0{,}98 \cdot 0{,}844 \cdot \eta_K'} = \frac{1090}{\eta_K'} \quad [\mathrm{kcal/kWh}]$$

für eine Feuchtigkeit der zu vergasenden Kohle von $x = 50\ \%$.

Um den Faktor φ zu bestimmen, seien noch folgende mittleren Werte zugrunde gelegt:

$$\begin{aligned} i_{L_1} &= 94\ \mathrm{kcal/nm^3} \\ i_{L_0} &= 6\ \mathrm{kcal/nm^3} \\ \xi &= 3{,}4\ \mathrm{kg/nm^3} \\ \Delta i_w &= 26\ \mathrm{kcal/kg} \\ H_u + i_g &= 2010\ \mathrm{kcal/nm^3} \\ \lambda_G &= 0{,}38\ \mathrm{nm^3/nm^3} \end{aligned}$$

$$\varphi = \frac{(94 - 6 + 3{,}4 \cdot 26) \cdot 0{,}38}{2010} = 0{,}033$$

Unter Benützung der in Abb. 21 eingetragenen Wirkungsgradwerte η_K für das offene Verfahren (Kurve 2) wurden nach den vorstehend angeführten Formeln die Wärmeverbrauchsziffern berechnet und in Abb. 36 in Abhängigkeit von der Anfangstemperatur t_1 eingezeichnet. In gleicher Weise wurde auch der Wärmeverbrauch für das offene Verfahren mit Kühlung der Schaufeln nach dem Drehkesselprinzip mit Hilfe der hiefür geltenden Kupplungswirkungsgrade nach Abb. 27 ermittelt und ebenfalls in Abb. 36 dargestellt. Der Vollständigkeit halber wurden die Wärmeverbrauchskurven durch die Werte für den Dampfprozeß ergänzt. Sie entsprechen den in Abb. 2 eingetragenen. In Abb. 39 sind in einem verkleinerten und nach hohen Anfangstemperaturen hin erweiterten Maßstabe die offenen Verfahren *ohne* und *mit* Schaufelkühlung nochmals verglichen.

Aus den Abb. 36 und 39 lassen sich folgende Schlüsse ziehen:

1. Der Dampfprozeß weist die geringste, der offene Gasturbinenprozeß die größte Abhängigkeit von der Anfangstemperatur t_1 auf. Das geschlossene Verfahren liegt in dieser Hinsicht dazwischen.

2. Der Wärmeverbrauch des geschlossenen Prozesses ist in starkem Maße von der Auslegung des Wärmeaustauschers und den Druckverlusten im Kreislauf abhängig. Die Druckvergasung von trockener Kohle in Verbindung mit Druckfeuerung ist etwas günstiger, zumindest in wärmewirtschaftlicher Hinsicht nicht schlechter als die direkte Verfeuerung der Kohle im Lufterhitzer.

Die Vergasung der Kohle mit hoher Feuchtigkeit erhöht den Wärmeverbrauch fühlbar. Betrachtet man für den Dampfprozeß eine Anfangstemperatur von 600 bis 650° C als erreichbar, so wird der geschlossene Prozeß bei günstigsten Auslegungsbedin-

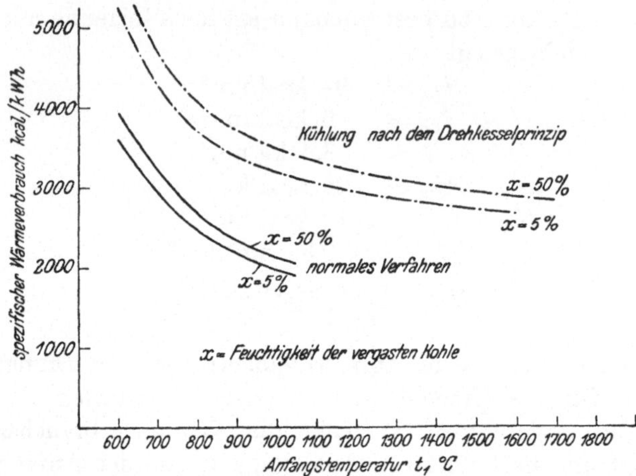

Abb. 39. Vergleich des spezifischen Wärmeverbrauches je nutzbar abgegebene kWh von Anlagen nach dem normalen offenen Verfahren und mit Kühlung nach dem Drehkesselprinzip.

gungen bei $t_1 = 700$ bis 770° C, bei ungünstigeren Verhältnissen erst über 800 bis 900° C dem Dampfprozeß wärmewirtschaftlich überlegen.

3. Für das offene Verfahren beginnt hinsichtlich des Wärmeverbrauches die Wettbewerbsfähigkeit mit dem Dampfprozeß im Temperaturbereich zwischen 700 und 800° C. Von diesen Temperaturen an wird der offene Prozeß auch gegenüber dem geschlossenen überlegen.

4. Der offene Prozeß mit Schaufelkühlung erreicht den Wärmeverbrauch des Dampfprozesses bei $t_1 = 1200$ bis 1500° C. Bei Anfangstemperaturen, die bereits in der Nähe der Verbrennungstemperatur liegen, entsprechen die erreichbaren Wärmeverbrauchsziffern denjenigen des normalen offenen Prozesses bei knapp 800° C. Die Schaufelkühlung bringt also bei Verwertung des erzeugten Dampfes in einer Kondensationsturbine keine wesentlichen Vorteile. Sie ist jedoch, wie bereits im 8. Abschnitt hervorgehoben, bei Dampfabgabe im Gegendruckbetrieb von Interesse.

Dieser Vergleich, bei dessen Aufstellung versucht wurde, eine möglichst gleiche Grundlage zu schaffen, zeigt, daß wärmewirtschaftlich gesehen, nur der offene Gasturbinenprozeß gegenüber dem Dampfprozeß einen wirklich ins Gewicht fallenden Vorteil verspricht. Er setzt aber die Erreichung von Temperaturen von mindestens 750 bis 800° C voraus. Könnte man eine Anfangstemperatur von 1000° C materialmäßig beherrschen, so würde ein Wärmeverbrauch von etwa 1950 bis 2100 kcal/kWh

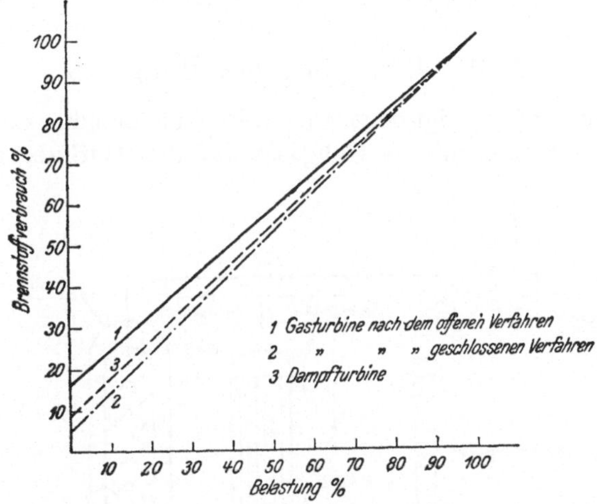

Abb. 40. Prozentualer Brennstoffverbrauch in Abhängigkeit von der Belastung.

erreicht werden, das ist etwa $^2/_3$ des für ein neuzeitliches Höchstdruck-Dampfkraftwerk geltenden Wertes. Die Entwicklung des Gasturbinenprozesses muß also vor allem darauf gerichtet sein, die Anfangstemperatur zu steigern. Sie ist nicht nur für den Wärmeverbrauch, sondern auch für die Grenzleistungen und die Anlagekosten maßgebend. Von der Erreichung dieses Zieles hängt die praktische Bedeutung des Gasturbinenprozesses für die Elektrizitätserzeugung ab.

Die Kurven in Abb. 36 und 39 beziehen sich auf die Verhältnisse bei Auslegungslast; im Hinblick auf die im praktischen Betriebe auftretenden veränderlichen Belastungen interessiert auch das Verhalten von Gasturbinen bei *Teil*lasten. In Abb. 40 ist die Brennstoffverbrauchslinie in Abhängigkeit von der Belastung für den offenen und geschlossenen Gasturbinenprozeß und für den Dampfprozeß dargestellt. Man sieht, daß das offene Verfahren den höchsten Leerlaufsverbrauch aufweist, der geschlossene Prozeß dagegen wegen des dabei möglichen Gleitdruckbetriebes am günstigsten liegt. Der Dampfprozeß reiht sich zwischen den beiden Verfahren ein. Die in Abb. 11 rechts gezeigte kombinierte Schaltung, die sich auf eine Überlagerung des geschlossenen und offenen Prozesses bezieht, kommt hinsichtlich des Teillastverbrauches an das geschlossene Verfahren heran.

16. Die Reinigung des Rohgases.

Die Formel (10) zeigt deutlich den Einfluß, den die Ausnützung der fühlbaren Wärme des Rohgases auf den Wirkungsgrad der

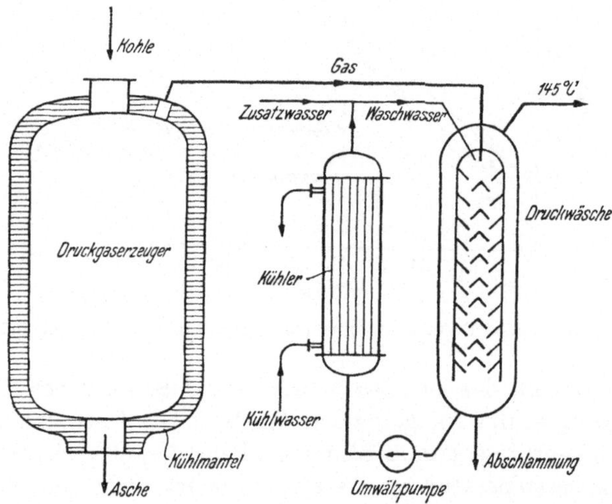

Abb. 41. Schematische Darstellung einer Naßreinigung für einen Druckgaserzeuger.

Vergasung ausübt. Erfolgt die Reinigung des Gases durch eine *Naßwäsche* in der bei Druckvergasern üblichen, in Abb. 41 schematisch angedeuteten Weise, so wird es auf etwa 145° C abgekühlt. Bei dieser Temperatur besitzt das Gas noch einen Wärmeinhalt von rund 50 kcal/nm³. Gegenüber dem im vorhergehenden Abschnitt berechneten Wirkungsgrad tritt hier ein Verlust an fühlbarer Wärme um 140 — 50 = 90 kcal/nm³ ein. Außerdem fällt die ausnutzbare Wärme des Wasserdampfes weg, da dieser im Gaswäscher kondensiert wird. Der im 15. Abschnitt nachgerechnete Wirkungsgrad eines Druckgaserzeugers verringert sich bei Einbau einer Naßwäsche auf:

$$\eta_V = \frac{(1870 + 50) \cdot 20000}{3880 \cdot 10500 + 7900 \cdot 748 + 7600 \cdot 94} = \frac{38{,}5 \cdot 10^6}{47{,}37 \cdot 10^6} = 0{,}815$$

gegenüber $\eta_V = 0{,}865$ bei voller Ausnützung der fühlbaren Wärme. Die vergleichbaren, auf eine Feuchtigkeit der Kohle von $x = 5\ \%$, bzw. 50 % umgerechneten Werte betragen:

x	5 %	50 %
ohne Naßwäsche	0,905	0,833
mit Naßwäsche	0,855	0,783

Der Verlust durch die Naßwäsche hat also die Einbuße von fünf Wirkungsgradpunkten zur Folge. Neben dieser Wirkungsgradverschlechterung muß als weiterer Nachteil der Naßwäsche der Anfall des chemisch sehr aggressiven Abschlammwassers bezeichnet werden, dessen Unterbringung wegen seines Phenolgehaltes meist große Schwierigkeiten bereitet. Sieht man von einer Nebenproduktengewinnung, bei der eine Abkühlung der Gase auf etwa 25° C erforderlich ist, ab, so sollte man sich daher die *Trockenentstaubung* als Ziel setzen.

Die Behandlung des Problems der Trockenentstaubung wird dadurch sehr erschwert, daß einerseits über den zulässigen Staubgehalt für die Turbinen keine eindeutigen Werte angegeben werden können, anderseits auch über den Aschengehalt des Rohgases und die Zusammensetzung der Asche für die Drehrost-Druckgasgeneratoren mit Luftbetrieb ebenfalls keine Erfahrungszahlen vorliegen, geschweige für Staub- und Abstichgaserzeuger mit den hiebei wesentlich höheren Querschnittsbelastungen. Teils glaubt man, Maschinenreinheit, d. h. höchstens 0,01 bis 0,02 g/nm³ fordern zu müssen, teils erwartet man, mit wesentlich geringeren Reinheitsgraden auskommen zu können. Eine weitere Unbekannte ist das abweichende Verhalten von mechanischen Abscheidern bei höheren Drücken und die Unzulässigkeit der Übertragung von Versuchsergebnissen bei normalen Druckverhältnissen auf höhere Betriebsdrücke. Es bleibt auch hier nur der Weg einer praktischen Erprobung geeignet erscheinender

Entstaubungssysteme und deren Weiterentwicklung auf Grund der Versuchsergebnisse übrig.

Der hohe Druck erfordert Bauarten, die sich in einem zylin-

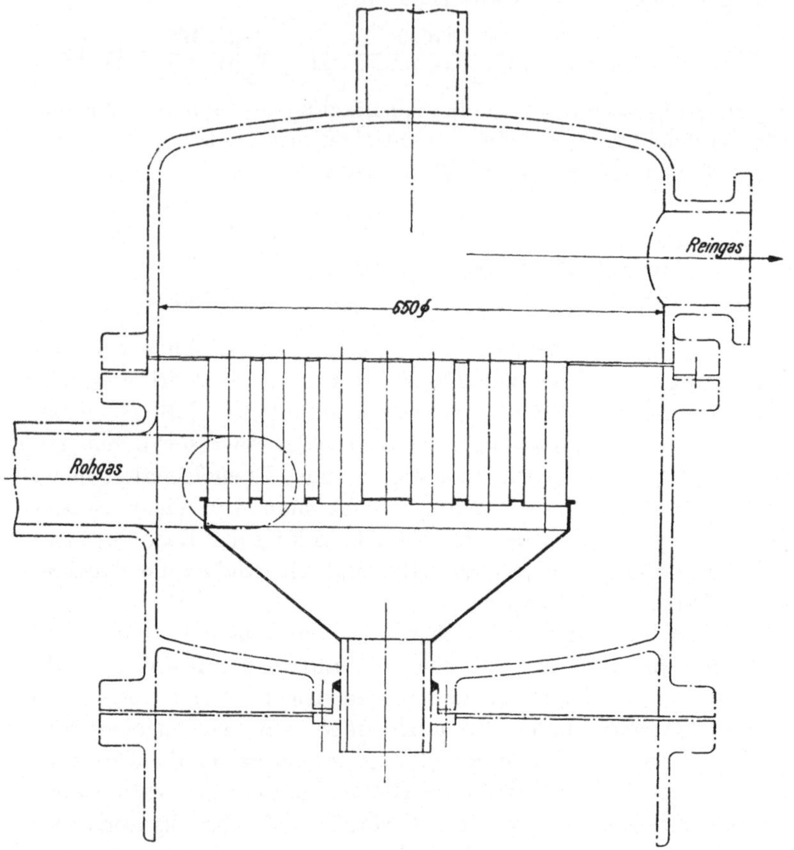

Abb. 42. Wirbelsieb Bauart *Feifel* für einen Durchsatz von 7000 nm³/h bei 20 at, 390° C.

drischen Körper nicht zu großen Durchmessers unterbringen lassen. Im Hinblick auf die zu erwartenden hohen Gastemperaturen bei Staubgaserzeugern mit Abstichbetrieb sollte die zu wählende Konstruktion auch die Verwendung von keramischen Werkstoffen ermöglichen. Stellen die genannten Arbeitsbedingungen eine Erschwerung gegenüber den bisher verlangten Anforderungen dar, so ist der in Verbindung mit Druckvergasern zulässige erheblich höhere Druckabfall in günstigem Sinne zu werten.

Von den bereits erprobten bzw. im Versuchsstadium befindlichen mechanischen Staubabscheidern scheinen zwei Systeme am erfolgversprechendsten zu sein. Es sind dies das *Feifel*sche Wirbelsieb [14] und der Entstauber, Bauart *Schicht* [15], deren grundsätzliche Wirkungsweise in der Literatur beschrieben worden ist. Der Aufbau des *Feifel*-Entstaubers ist in Abb. 42 wiedergegeben. Er sollte für eine Gasmenge von 7000 nm^3/h aus 32 Normalzellen bestehen, die in einem zylindrischen Druckbehälter von 650 mm Durchmesser untergebracht werden können. Der

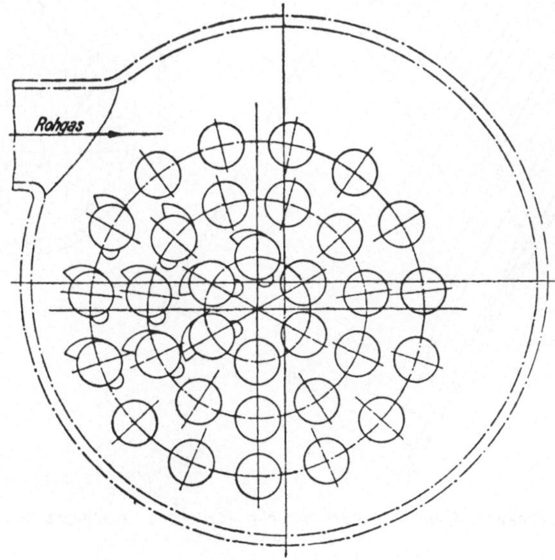

Zu Abb. 42.

Zellenkörper war mit einer Höhe von 150 mm, der Reingasabzug oberhalb, der Aschenabzug unterhalb vorgesehen. Als erforderliches Druckgefälle wurden 500 mm WS ermittelt. Man hoffte, mit einem solchen Abscheider, bezogen auf die Kohlenzusammensetzung des Versuchsstaubes des Kraftwerkes Klingenberg, einen Entstaubungsgrad von 97 bis 98 % zu erreichen.

Die von *Schicht* vorgeschlagene Konstruktion zeigt Abb. 43. Der Entstauber kann in einem Zylinder von 300 mm Durchmesser untergebracht werden. Es wurde vorgeschlagen, eine zweite Stufe ohne Leitapparat dahinterzuschalten. Der Zugverlust des dargestellten Entstaubers *ohne* zweite Stufe wurde mit 500 bis 600 mm WS erwartet. Der Schicht-Entstauber für normale Verhältnisse befindet sich noch im Versuchsstadium. Er läßt

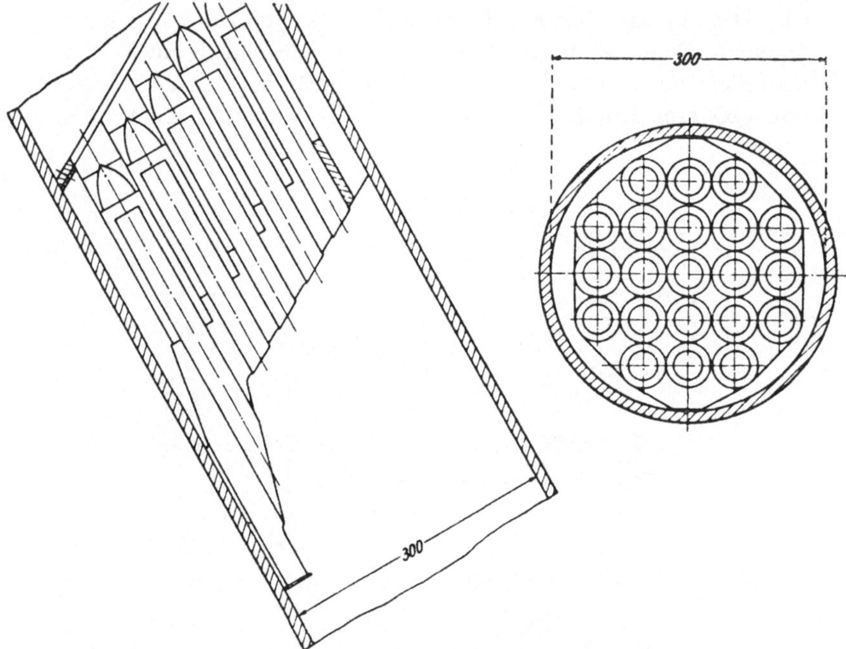

Abb. 43. Druckgasreiniger, Bauart *Schicht*, für einen Durchsatz von 7000 m^3/h bei 20 at und 390 C.

aber eine Verbesserung der bisher erzielten Ergebnisse bei systematischer Weiterentwicklung erwarten.

Die hier aufgezeichneten Wege scheinen nach dem heutigen Stand die erfolgversprechendsten zu sein. Sie erfordern aber eine eingehende Erprobung in längerer Betriebszeit, um Fingerzeige für die Weiterentwicklung zu erhalten und ihre Verwendbarkeit für den hier behandelten Zweck hinreichend beurteilen zu können.

17. Erläuterung des Projektes für eine Versuchsanlage.

Die im 1. Abschnitt dargelegten Überlegungen über die weiteren Entwicklungsarbeiten des Dampfkraftwerksbaues, das nähere Studium der Firmen BBC, EWC, MAN auf dem Gasturbinengebiet und Untersuchungen über die wirtschaftliche Anwendbarkeit des Gasturbinenprozesses für die Elektrizitätserzeugung führten anfangs des Jahres 1943 zum Entschluß, ein Gasturbinenversuchskraftwerk zu errichten. Sein Zweck sollte sein, die betriebliche Eignung und wirtschaftliche Auswirkung in allen Einzelheiten studieren zu können und Unterlagen für die weitere Entwicklung zu gewinnen. Da eine der wichtigsten Fragen die Regelfähigkeit der Gasturbine darstellt, wurde für die Aufstellung der Versuchsanlage ein Kraftwerk ausersehen, das unter anderem ein elektrisches Bahnnetz mit Strom versorgte. Durch die Betriebsweise dieses Kraftwerkes in asynchronen Gruppen war die Möglichkeit gegeben, die Gasturbinenanlage auf verschiedene Netze zu schalten und ihr im Laufe der Zeit schwieriger werdende Regelaufgaben, ausgehend vom reinen Fahrplanbetrieb bis zum Frequenzfahren im Bahnnetz mit stark schwankender Belastung zu übertragen. Um dabei zu wirklich praktischen Ergebnissen zu gelangen, durfte die Leistung der Versuchsanlage nicht zu klein sein, sondern mußte in einem angemessenen Verhältnis zur Leistung der einzelnen Gruppen, besonders des Bahnnetzes für den Fall des späteren Frequenzbetriebes stehen. Man entschied sich daher für eine Leistung von etwa 10 bis 12 MW.

Im Hinblick auf die größeren wärmewirtschaftlichen Vorteile des offenen Verfahrens durch eine mögliche Steigerung der Anfangstemperatur im Laufe der Zeit wurde ihm der Vorzug gegeben und dieses der Planung zugrunde gelegt. Für den Entwurf der Anlage waren folgende Gesichtspunkte maßgebend:

1. Sammlung von Erfahrungen über den Betrieb des Drehrost-Druckgaserzeugers mit Luft als Vergasungsmittel und Versuche, die Grenzen für die Feuchtigkeit und Körnung der Kohle zu erweitern.

2. Spätere Ergänzung der Anlage durch ein Versuchsaggregat für Abstichbetrieb.

3. Studium der Entstaubung durch Einbau verschiedener Systeme.

4. Praktische Versuche über die zulässige Anfangstemperatur und die Eignung der Werkstoffe.

5. Untersuchungen über die Regelfähigkeit eines Gasturbinenkraftwerkes.

6. Schaffung einer praktischen Grundlage für die wirtschaftliche Beurteilung des Gasturbinenprozesses.

Es war ein ziemlich umfangreiches Programm, das man sich mit der Erstellung dieser Anlage vorgenommen hatte und daher verständlich, daß man auf den Einbau zusätzlicher Einrichtungen zur Teergewinnung verzichtete, um den Aufbau nicht verwickelter werden zu lassen, obwohl die zur Vergasung vorgesehene Kohle einen genügend hohen Bitumengehalt gehabt hätte, um eine Teergewinnung wirtschaftlich zu gestalten. Man konnte hievon um so eher absehen, als solche Teergewinnungsanlagen in Verbindung mit Druckvergasern bereits verschiedentlich laufen und erprobte Bauteile darstellen, die im Zusammenhang mit der Versuchsanlage keine neuen Erkenntnisse gebracht haben würden.

Dem Zwecke einer solchen Versuchsanlage entsprechend, sollte der bauliche Teil ziemlich einfach gehalten werden. Auch war man bestrebt, möglichst viele Einrichtungen des vorhandenen Werkes zu benützen. Dagegen war eine reichliche Ausstattung mit Meßinstrumenten beabsichtigt, um alle wesentlichen Aufschlüsse über das Arbeiten der Anlage zu erhalten.

Die Daten für die Versuchsanlage waren folgende:

A. Rohkohle.

Normale Brennstoffanalyse		Schwelanalyse	
Asche	3 %	Teer	5,6 %
Kohlenstoff	20,6 %	Schwelwasser	4 %
Flüchtige Bestandteile	24 %	Koks	28,8 %
Feuchtigkeit	52 %	Feuchtigkeit	52 %
		Gas	9,6 %

B. Turbinentrockner.

Zulässiger Korngrößenbereich ...	3 bis 33 mm
Trocknungsgrad von	55 auf 30 % Feuchtigkeit
Leistung des Trockners.........	21600 kg/h Naßkohle
Getrocknete Kohle	14000 kg/h

Abrieb (10%)	1400 kg/h
Für die Gaserzeugungsanlage zur Verfügung stehende Kohlenmenge	12600 kg/h
Brennstoffbedarf des Trockners ..	1400 kg/h abgesiebte Trockenkohle und 1025 kg/h Rohkohle ($H_u = 1950$ kcal/kg)

C. Gaserzeugungsanlage.

Leistung	20000 nm³/h	
Anzahl der Aggregate	3	
Innendurchmesser der Vergaser	2,6 m	
Vergaserdruck	20 at	
Beschaffenheit des erzeugten Gases	CO_2	21,8 %
	H_2S	0,4 %
	CmHm	0,2 %
	CO	11,7 %
	H_2	26,9 %
	CH_4	9 %
	N_2	30 %
Unterer Heizwert	1870 kcal/nm³	

D. Gasreinigung.

Einbau von je einem Naßwäscher je Gasgenerator, parallel dazu mit Umschaltmöglichkeit:
2 Wirbelsiebe, Bauart Feifel
1 Entstauber, Bauart Schicht

E. Gasturbine.

Projekt	I	II
Generatorleistung	10	12,5 MW
Gaseintrittstemperatur	625	700° C
Eintrittsdruck	12	20 at
Kühlwassertemperatur	20	20° C
Zwischenüberhitzung	einfach	zweifach
Zwischenkühlung	zweifach	dreifach
Erreichbarer Kupplungswirkungsgrad	30,5	35 %*)
Ungefähres Kontingentsgewicht	367	231,7 t

*) einschließlich Verdichtung der Vergasungsluft (η_K') angeben.

In Abb. 44 ist der Aufbau der Versuchsanlage nach dem letzten Stand der Planungsarbeiten dargestellt. Bei Beurteilung der Anordnung ist zu berücksichtigen, daß die Anlage den örtlichen Gegebenheiten angepaßt werden mußte. Die hier nach Studium verschiedener Wahlentwürfe zur Ausführung bestimmte Lösung darf nicht als allgemein richtiger Vorschlag angesehen werden. Die Aufstellung der Trockner wird sich jeweils nach den örtlichen Verhältnissen richten und von Fall zu Fall eingehend studiert werden müssen. Als allgemeingültiger Grundsatz für die gegenseitige räumliche Zuordnung der Anlageteile ist die Forderung anzusehen, alle Transportwege so kurz wie nur möglich zu machen. Dies gilt vor allem für die Kohle bei Verwendung von Drehrost-Vergasern. Da bei der Versuchsanlage die Kohle

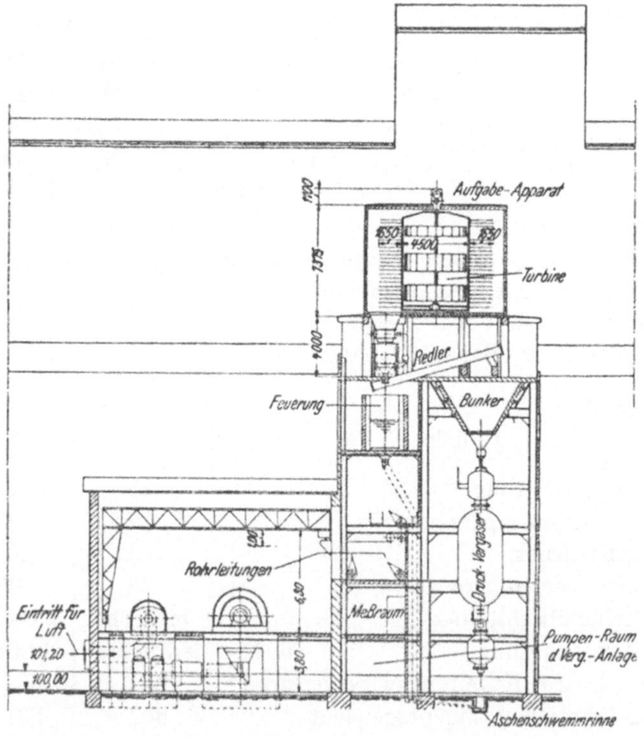

Abb. 44. Entwurf eines Gasturbinenversuchskraftwerkes für 12,5 MW

Abluft-Ventilator
Not-Schornstein
Montage-Bock
Heißgas-Schacht
Ausfall-Schleuse
Umluft-Vent.
Umluft-Ltg.
mech. Feuerung
+21,1
+118,135
+118,4
+15,5
+114,885
Asche-Ausfall
+109,185
Druck-Vergaser
+104,775
±0,0
Entspannungszyklon
Bunker 2
Bunker 3
2,40
Gasfackel
Montageöffnung
6,00
4,90
6,00
1,00
8,05
3,60
3,50
3,20
3,80
0,40
2,65

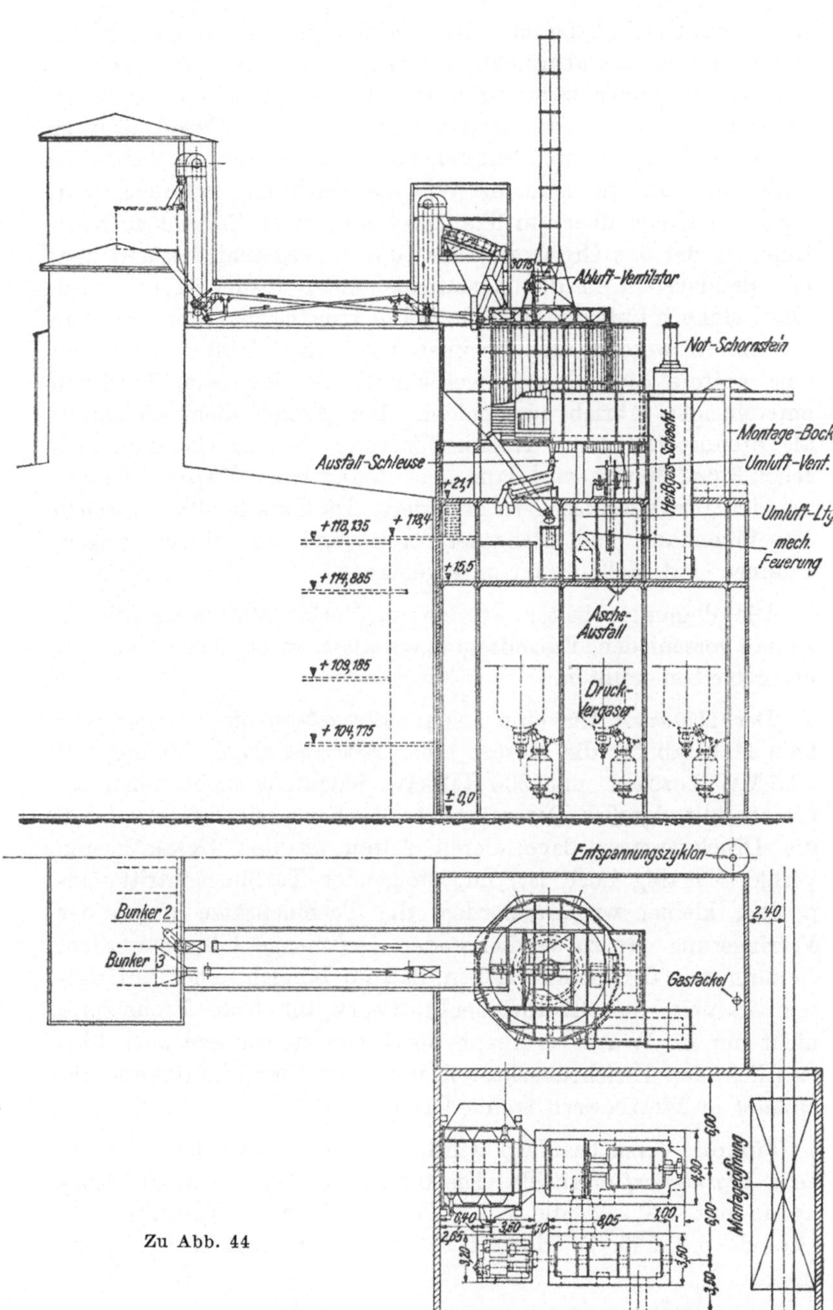

Zu Abb. 44

aus dem Übergabebunker des vorhandenen Kesselhauses entnommen und das abgesiebte Grobkorn der Rohkohle wieder in den Kesselbunker zurückgeführt werden sollte, war es naheliegend, den Trockner auf das Gerüst für die Gaserzeuger zu setzen und die dadurch entstehende Verteuerung des baulichen Teiles in Kauf zu nehmen. Wie die Zeichnung erkennen läßt, wird die Kohle über ein Transportband einer Siebanlage zugeführt, in der das Grobkorn über 30 mm ausgeschieden und über ein Bandsystem in die Kesselhausbunker zurückgeführt wird. Das Feinkorn unter 3 mm fällt in die Trocknerfeuerung, mit dem Mittelkorn werden die Trockner beschickt. Hinter diesen ist eine weitere Siebanlage eingeschaltet, die den beim Trocknen entstehenden Abrieb ausscheidet. Der Abrieb dient gleichfalls als Brennstoff für die Trocknerfeuerung. Das Trockenkorn zwischen 3 und 30 mm wird dann über Redler in die Zwischenbunker vor den Druckgaserzeugern befördert. Im Zwischenbau zwischen Maschinenhaus und Gasgeneratoren sind die Rohrleitungen, Pumpen und Meßanlagen untergebracht.

Die Planungsarbeiten wurden im Herbst 1944 abgebrochen, so daß verschiedene Einzelfragen, vor allem in baulicher Hinsicht, offen bleiben mußten.

Der *Aufwand* für eine solche *Versuchs*anlage ist natürlich kein Maßstab für die Kosten einer Betriebsanlage. Er lag, auf 12,5 MW bezogen, mit 300 RM/kW jedenfalls nicht höher als für ein mittelgroßes Dampfkraftwerk. Berücksichtigt man, daß die Druckvergaseranlage, deren Anteil an den Gesamtkosten verhältnismäßig hoch ist, mit steigender Turbineneintrittstemperatur kleiner wird, außerdem die Turbinensätze wegen der Verringerung der zu verdichtenden Luftmenge billiger werden, so kann man den Schluß ziehen, daß im Bereich hoher Anfangstemperaturen das Gasturbinenkraftwerk für feste Brennstoffe nicht nur im Wärmeverbrauch überlegen ist, sondern auch hinsichtlich der Errichtungskosten mit dem Dampfkraftwerk *zumindest* in Wettbewerb treten kann.

Für die Versuchsanlage wurde ziemlich genau der erforderliche *Eigenbedarf* ermittelt. Die installierte Eigenbedarfsleistung wurde mit 330 kW, die bei voller Belastung gleichzeitig auftretende mit 250 kW, das ist 2% der Klemmenleistung veranschlagt. Wird eine Trockneranlage nicht benötigt, so verringert sich der Eigenbedarfsanteil nicht unerheblich.

Für die *Bedienung* der Versuchsanlage wurde je Schicht ein Personalbedarf von sechs Mann festgestellt. Dies bedeutet eine spezifische Personalziffer von 1,4 Mann/MW, ein Aufwand, der verglichen mit gleich großen Dampfkraftwerken als sehr günstig angesehen werden kann. Die Zahlen beziehen sich auf halbautomatischen Betrieb der Kohlenbeschickung und Entaschung; bei Vollautomatik wäre noch ein Mann je Schicht einzusparen.

IV. Die Nebenproduktengewinnung beim Gasturbinenkraftwerk für feste Brennstoffe.

18. Die Wirtschaftlichkeit der Teergewinnung.

Die Kombination Druckvergasung-Gasturbine läßt die Gewinnung des Teeres bei bitumenhaltigen Brennstoffen in einfacher Weise zu. Sie erfordert lediglich die Abkühlung des Gases auf etwa 25° C, den Einbau einer zusätzlichen Anlage zur Teerabscheidung und die Auswaschung des außerdem anfallenden Benzins. Die Eingliederung einer solchen Teergewinnungsanlage nach dem von *Lurgi* entwickelten Verfahren in ein Gasturbinenkraftwerk ist in Abb. 45 schematisch angedeutet. In diesem Falle kann man die Gasreinigung durch Naßwäsche in der bei Druckgasgeneratoren bisher gebräuchlichen Ausführung beibehalten. Die hiebei abgeführte Wärmemenge wird man zweckmäßigerweise zur Wiederaufwärmung des Gases hinter der Teergewinnungsanlage möglichst weitgehend ausnutzen, so daß der Temperaturverlust durch Dampf und Teerkondensation vermindert wird.

Es ist ohne weiteres einzusehen, daß die Teergewinnung bei einer solchen Schaltung, die nur eine verhältnismäßig kleine zusätzliche Anlage bedingt, mit erheblich geringerem Aufwand durchzuführen ist, als in einer besonderen Schwelerei. Rechnet man für Schwelanlagen, daß ein Mindestteergehalt von 5 bis 7 % notwendig ist, um ihre Erstellung wirtschaftlich zu rechtfertigen, so wird bei der Kombination Druckvergasung-Gasturbine dieser Grenzwert entsprechend tiefer liegen.

Da die Möglichkeit der Teergewinnung für die Beurteilung der Aussichten des Gasturbinenprozesses eine wesentliche Rolle spielt, so sei im nachstehenden versucht, ein Bild über die Größenordnung zu geben, in der der Teergehalt liegen muß, um die Teergewinnung als Nebenbetrieb der Stromerzeugung aus dem

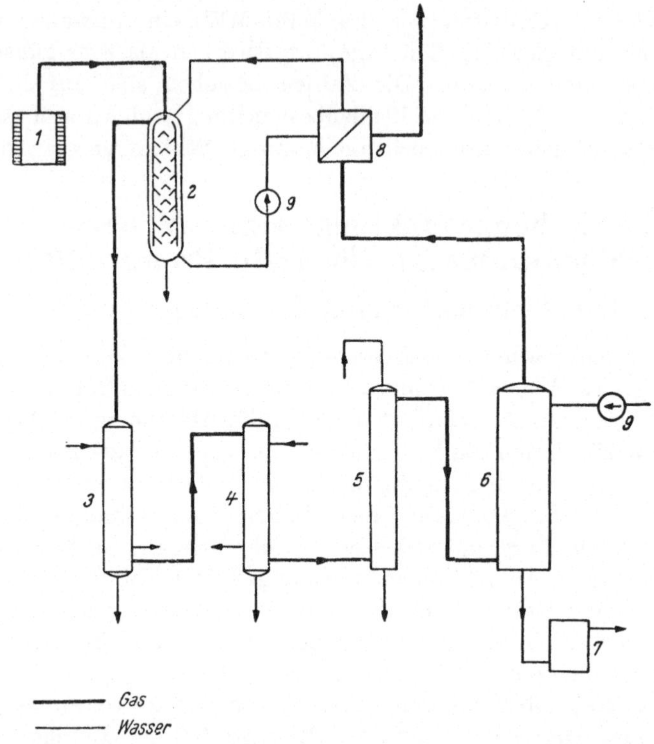

Abb. 45. **Grundsätzliches Schema für die Eingliederung von Anlagen zur Nebenproduktengewinnung in Kraftwerken mit Druckvergasung der Kohle.**
1 **Druckgaserzeuger,** *2* **Naßreinigung,** *3, 4* **Gaskühler,** *5* **Ölwäscher,** *6* **Druckwasserwäsche,** *7* **Schwefelgewinnung,** *8* **Wärmeaustauscher,** *9* **Pumpe.**

Erlös bezahlt zu machen. Für die jährliche Treibstoffausbeute T[t/Jahr] läßt sich folgende Beziehung anschreiben:

$$T = \beta \cdot \eta_0 \cdot B' \quad [\text{t/Jahr}] \tag{13}$$

Hiebei bedeutet

β den Teergehalt der Rohkohle

den Gütegrad der Treibstoffausbeute

B' die der Anlage jährlich zugeführte Rohkohlenmenge bei Teergewinnung [t/Jahr].

Bezeichnet man noch mit

B die der Anlage jährlich zugeführte Rohkohlenmenge bei Verzicht auf Teergewinnung und Anwendung der Trockenentstaubung [t/Jahr].

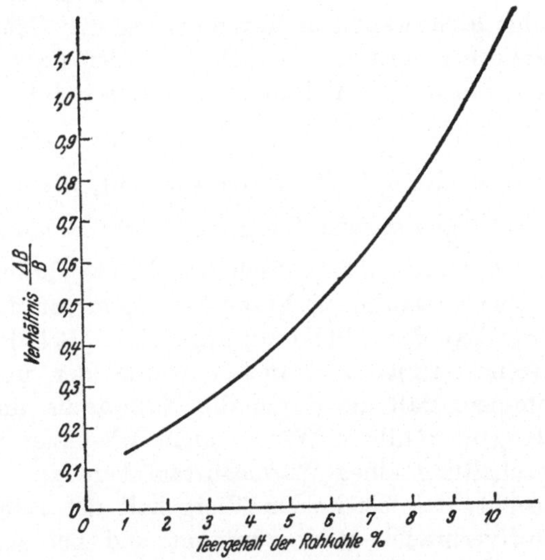

Abb. 46. Abhängigkeit des verhältnismäßigen Mehrverbrauches an Rohkohle $\frac{\Delta B}{B}$ in Abhängigkeit von deren Teergehalt bei Nebenproduktengewinnung.
Vortrocknung der Rohkohle von 54 auf 30%
Heizwert der Rohkohle $H_u = 1950$ kcal/kg
Teerausbeute $\eta_0 = 0{,}75$.

$\Delta B = B' - B$ den durch die Teerabscheidung entstehenden Mehrkohlenverbrauch [t/Jahr].

p_B den Preis der Rohkohle frei Werk [RM/t]

k den erzielbaren Erlös für den Treibstoff [RM/t]

ΔA den Mehraufwand an Anlagekosten durch die Treibstoffgewinnung [RM]

α den Jahresfaktor einschließlich Bedienung und Unterhalt,

so ist die Nebenproduktengewinnung wirtschaftlich, wenn

$$k \cdot T > \Delta B \cdot p_B + \alpha \cdot \Delta A \qquad \text{[RM/Jahr]} \qquad (14)$$

Durch Einsetzen der Beziehung (13) und entsprechende Umformung kann man diese Ungleichung zur leichteren Auswertung in der Form anschreiben

$$k \cdot \beta \left(1 + \frac{\Delta B}{B}\right) - \frac{\Delta B}{B} \cdot \frac{p_B}{\eta_0} > \frac{a}{\eta_0} \cdot \frac{\Delta A}{B} \tag{14a}$$

Der verhältnismäßige Mehrkohlenverbrauch $\frac{\Delta B}{B}$ entsteht sowohl durch Verringung des Heizwertes des Gases infolge Teerentzuges und der dadurch notwendigen Vergrößerung der Gasmenge bei gleicher elektrischer Leistung als auch durch den Entzug an fühlbarer Wärme infolge der Abkühlung des Gases auf 25° C. Der Mehrwärmeverbrauch $\frac{\Delta B}{B}$ ist also in erster Linie eine Funktion des Teergehaltes. In Abb. 46 wurde versucht, diese Abhängigkeit des Wertes $\frac{\Delta B}{B}$ von dem Teergehalt β der Rohkohle für die Verhältnisse der im 17. Abschnitt beschriebenen Anlage darzulegen. Die wesentlichen Voraussetzungen für die Berechnung sind im Text der Abbildung angeführt. Bei der Ermittlung des Brennstoffmehrverbrauches wurde der ungünstigste Fall angenommen, daß die durch die Naßwäsche und Gasabkühlung entzogene fühlbare Wärme nicht wiedergewonnen und auf die Einschaltung eines Wärmeaustauschers also verzichtet wird. Man sieht, daß bei hohem Teergehalt der Rohkohle der Mehrbrennstoffverbrauch stark zunimmt und bei einem Teergehalt von 8% bereits 75% des Kohlenbedarfes ohne Teergewinnung ausmacht.

Setzt man für $p_B = 3$ RM/t,
für $\alpha = 0{,}16$ und
für $\eta_0 = 0{,}75$ ein,
so lautet die Formel (14a)

$$k \cdot \beta \left(1 + \frac{\Delta B}{B}\right) - 4 \frac{\Delta B}{B} > 0{,}215 \frac{\Delta A}{B} \tag{14b}$$

Für die Auswertung dieser Gleichung sind noch Annahmen über den auf der rechten Seite stehenden Ausdruck $0{,}215 \cdot \frac{\Delta A}{B}$ zu treffen. Er ist in erster Linie eine Funktion der Benutzungsdauer t des Werkes. Die Mehranlagekosten ΔA setzen sich zusammen aus dem Aufwand für die Teergewinnungsanlage und den Mehrkosten für die Vergrößerung der Druckgasgeneratoren infolge der Erhöhung der Gasmenge. Die für die Anlagekosten zugrunde

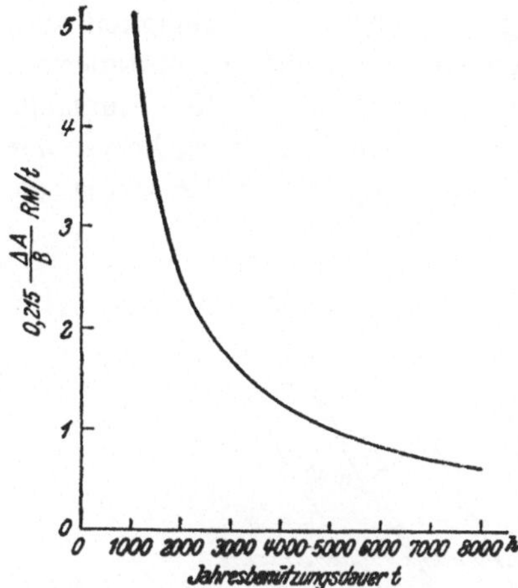

Abb. 47. Abhängigkeit des Faktors $\frac{\alpha}{\eta_0} \cdot \frac{\Delta A}{B} = 0{,}215 \cdot \frac{\Delta A}{B}$ von der Jahresbenutzungsdauer t. Jahresfaktor $\alpha = 0{,}16$, spez. Anlagekosten der Teergewinnungsanlage 22 RM/nm³/h, spez. Anlagekosten der Druckgasgeneratoren 90 RM/nm³/h

gelegten Zahlenwerte sind in der Abb. 47 angegeben, die die Abhängigkeit des Ausdruckes $0{,}215 \cdot \frac{\Delta A}{B}$ von der Benutzungsdauer t andeutet. Sie wurden dem über die beschriebene Versuchsanlage vorliegenden Zahlenmaterial entnommen.

Mit Hilfe der Beziehung (14b) und der Abb. 46 und 47 läßt sich nun der notwendige Mindestteergehalt der Rohkohle in Abhängigkeit von der Benutzungsdauer und dem Erlös für die Nebenprodukte ermitteln. Die Ergebnisse dieser Berechnungen sind in Abb. 48 dargestellt. Das Schaubild zeigt, daß sich bei diesem Verfahren die Teerausbeute, besonders bei hohen Benutzungsdauern, bereits bei sehr kleinem Teergehalt des Brennstoffes lohnt. Bei kleinen Benutzungsdauern steigt der Grenzwert entsprechend an. Wie man sieht, ist er in starkem Maße vom Erlös für die Nebenprodukte abhängig.

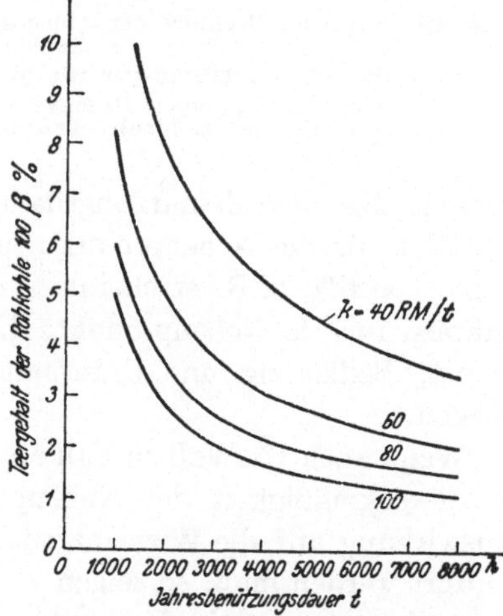

Abb. 48. Erforderlicher Mindestteergehalt der Rohkohle zur Deckung des Mehraufwandes für die Teergewinnung bei einer Gasturbinenanlage mit Druckgaserzeuger. Berechnungsgrundlagen siehe Abb. 46 und 47.

Liegt der Teergehalt der Kohle höher als die zur Deckung des Mehraufwandes notwendigen Mindestwerte, so tritt eine Ersparnis ein, die der Gaserzeugungsanlage gutgeschrieben werden kann. In Abb. 49 wurde diese zusätzliche Ersparnis, auf 1 nm³/h

Gasabgabe der Generatorenanlage umgelegt, in Abhängigkeit vom Teergehalt der Rohkohle für verschiedene Nebenproduktenerlöse und für Jahresbenutzungsdauern von 3000 und 6000 h ermittelt. Der eingetragene Wert für die spezifischen Errichtungskosten der Gaserzeugungsanlage läßt die Bedeutung dieser Ersparnis er-

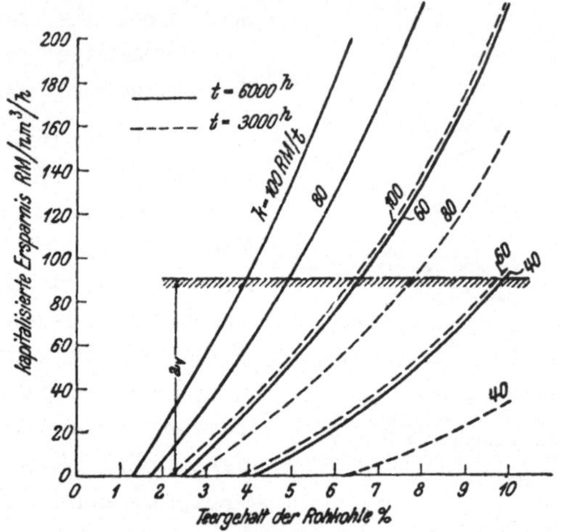

Abb. 49. Mögliche Deckung der Anlagekosten der Druckgaserzeuger aus dem Teererlös.

Berechnungsgrundlagen wie für Abb. 48

a_v... Kosten einer Druckvergaseranlage für 20.000 nm³/h. (2,6 m Ø einschließlich Kohlentrockner und baulichem Teil.

kennen. Bei einer Benutzungsdauer von 6000 h, einem Erlös von 80 RM/t für die Nebenprodukte und einem Teergehalt der Rohkohle von 5% z. B. erscheint es möglich, aus den erzielten Einnahmen für die Nebenprodukte die Jahresausgaben für Kapitalsdienst, Bedienung und Unterhalt der Gasgeneratorenanlage zu decken.

Wenn auch von Fall zu Fall eine besondere Untersuchung über die Zweckmäßigkeit der Nebenproduktengewinnung und deren Auswirkung auf die Wirtschaftlichkeit der Gesamtanlage durchgeführt werden muß, so zeigen diese Überlegungen doch, daß der Gasturbinenprozeß in Verbindung mit der Druckvergasung die Treibstoffgewinnung bereits bei einem Teergehalt der Rohkohle gestattet, der selbständige Anlagen wirtschaftlich als nicht tragbar erscheinen läßt. Man könnte durch die hier beschriebene Schaltung einen wesentlich größeren Prozentsatz der Kohlenförderung für die Teergewinnung nutzbar machen und die Elektrizitätserzeugung weitgehend in die chemische Aufschließung der Kohle einschalten.

19. Das Problem der Entschwefelung und Schwefelgewinnung.

Verschiedene Kohlensorten, wie z. B. die deutsche Braunkohle und die oberschlesische Steinkohle sind zum Teil stark schwefelhaltig. Ein großer Schwefelgehalt bedingt hohe Schornsteine,

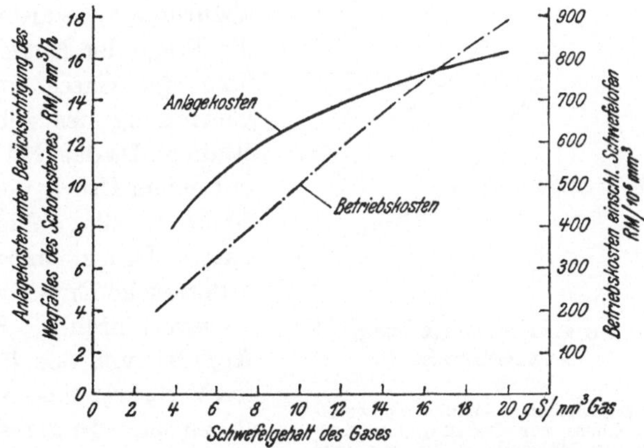

Abb. 50. Anlage- und Betriebskosten für eine Entschwefelungs- und Schwefelgewinnungsanlage mit einem Gasdurchsatz von 220000 nm^3/h.

besonders wenn sich in der Nähe des Kraftwerkes Kulturland oder Siedlungen befinden. Die in solchen Fällen notwendige Schornsteinhöhe von 120 bis 140 m beeinflußt, abgesehen von dem Aufwand, die bauliche Gestaltung des Krafthauses. Es fallen aber auch ganz erhebliche Mengen Schwefel an, die bisher beim Dampfkraftwerk mit den Rauchgasen abgeführt wurden. Überschlagsrechnungen haben gezeigt, daß z. B. die Gewinnung des Schwefels aus den Rauchgasen der deutschen Großkraftwerke die Deckung des deutschen Friedensbedarfes an Schwefel zum großen Teil ermöglicht hätte.

Aus den erwähnten Gründen wurde die Frage der Entschwefelung der Rauchgase bei Dampfkraftwerken verschiedentlich studiert. Ihre Weiterverfolgung scheiterte jedoch an der sehr großen

Verdünnung der Rauchgase infolge der zugesetzten Verbrennungsluft und dem sich daraus ergebenden Umfang der Anlagen, deren Kosten in keinem Verhältnis zur Schwefelausbeute stehen.

Im Gegensatz zur Verfeuerung der Kohle in Kesseln liegen die Verhältnisse bei Vergasung des Brennstoffes insofern anders, als die Möglichkeit besteht, den Schwefel aus dem Gas zu entfernen, ehe die Verbrennungsluft beigemischt wird. Um das Bild über die Aussichten von Gasturbinenanlagen abzurunden, wurde auch die Frage der Entschwefelung des Gases und die Gewinnung des Schwefels studiert. Da das Gas bereits mit einem Druck von etwa 20 at anfällt, schien das unter Druck arbeitende Pottasche-Entschwefelungsverfahren, System *Koppers*, von den bekannten Verfahren das geeignetste zu sein. In der Abb. 45 ist auch die für die Entschwefelung erforderliche Druckwäsche des Gases angedeutet. Das daraus gewonnene H_2S-Gas wird dann in einem Schwefelofen zu Schwefel weiter verarbeitet.

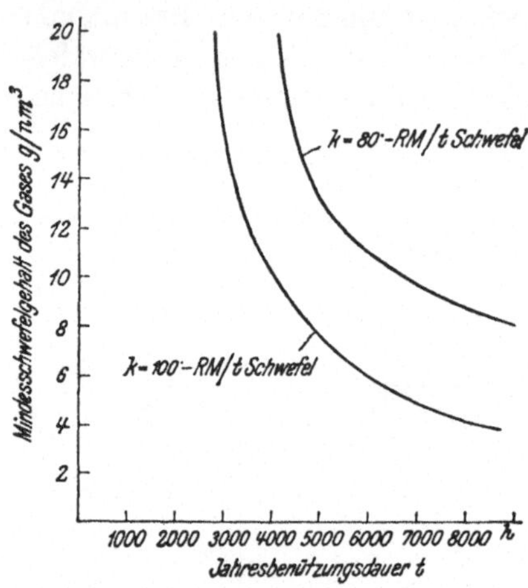

Abb. 51. Erforderlicher Mindestschwefelgehalt des Gases zur Deckung des Aufwandes für die Schwefelgewinnungsanlage aus dem Erlös für den Schwefel.

Es wurde eine Wirtschaftlichkeitsuntersuchung für eine große Anlage mit einer Gasmenge von 220000 nm^3/h durchgeführt, die einer Kraftwerksleistung von rund 160 MW entspricht. Bezeichnet man mit

a die Anlagekosten der Schwefelgewinnungsanlage [$RM/nm^3/h$]
b die Betriebskosten der Anlage [$RM/10^6 nm^3$]
k den erzielbaren Schwefelpreis [RM/t]
η_0 den Gütegrad der Schwefelausbeute
α den Jahresfaktor
t die Benutzungsdauer des Werkes [h]
s den Schwefelgehalt des Gases [g/nm^3]
G die Gasmenge [nm^3/h]

so können die Kosten für die Schwefelgewinnungsanlage wie folgt angeschrieben werden:

$$\underset{\substack{\uparrow \\ \textit{kapital-} \\ \textit{abhängige Kosten}}}{\alpha \cdot a \cdot G} + \underset{\substack{\uparrow \\ \textit{Betriebskosten}}}{b \cdot G \cdot t \cdot 10^{-6}} \qquad \text{[RM/Jahr]}$$

In Abb. 50 sind die Anlagekosten a und die Betriebskosten b in Abhängigkeit vom Schwefelgehalt des Gases für eine Anlage mit 220000 nm³/h eingetragen. Der Erlös für den aus der Anlage gewonnenen Schwefel wird durch den Ansatz

$$s \cdot G \cdot t \cdot \eta_0 \cdot k \cdot 10^{-6} \qquad \text{[RM/Jahr]}$$

erfaßt. Die Schwefelgewinnung ist wirtschaftlich, wenn

$$s \cdot G \cdot t \cdot \eta_0 \cdot k \cdot 10^{-6} > \alpha \cdot a \,.\, G + b \cdot G \cdot t \cdot 10^{-6} \qquad \text{[RM/Jahr]}$$

ist, bzw. wenn

$$t > \frac{\alpha \cdot a \cdot 10^6}{s \cdot \eta_0 \cdot k - b} \text{ [h]} \qquad (15)$$

ist. Setzt man für den Jahresfaktor $\alpha = 0{,}145$ und für den Gütegrad der Schwefelausbeute $\eta_0 = 0{,}97$, so erhält man die in Abb. 51 eingetragenen Kurven, aus denen abgelesen werden kann, welcher Mindestschwefelgehalt des Gases notwendig ist, um den Zusatzaufwand aus dem Erlös zu decken. Legt man wieder eine Braunkohle mit einer Feuchtigkeit von $x = 54\,\%$ und einen Heizwert von $H_u = 1950$ kcal/kg zugrunde, so fallen je kg Rohkohle 1,04 nm³ Gas an. In welchem Verhältnis sich der Schwefelgehalt der Rohkohle auf Gas und Asche aufteilt, läßt sich nicht eindeutig sagen. Die Erfahrungswerte streuen ziemlich stark und liegen etwa bei 70 und 100%. Rechnet man als mittlere Annahme damit, daß 80% des in der Kohle enthaltenen Schwefels in das Gas eingehen und bezeichnet man mit

σ den Schwefelgehalt der Rohkohle [%]
B die Rohkohlenmenge [t/h]
G die erzeugte Gasmenge [nm³/h]

so besteht zwischen σ und s für die betrachteten Verhältnisse folgender Zusammenhang

$$\frac{\sigma}{100} \cdot B \cdot 0{,}8 = \frac{s \cdot G}{1000} \quad \text{[kg]}$$

daraus ist

$$s = 10 \cdot 0{,}8 \cdot \sigma \cdot \frac{B}{G} \quad [\text{g/nm}^3]$$

mit

$$G = 1{,}04 \cdot B \quad [\mathrm{nm^3/h}]$$

wird

$$s = 7{,}7\,\sigma \quad [\mathrm{g/nm^3}]$$

Beträgt der Schwefelgehalt der Braunkohle z. B. $\sigma = 1{,}5\,\%$, würde dies einem Schwefelgehalt des Gases von $s = 11{,}5$ g/nm³ entsprechen. Nach den Kurven der Abb. 51 würde die Schwefelgewinnung bei einem erzielbaren Erlös von 100 RM/t noch bis zu einer Benutzungsdauer von 5500 h wirtschaftlich tragbar sein. Abgesehen von der Gewinnung des Schwefels fällt auch, wie bereits erwähnt, die Belästigung der Umgebung durch schwefelhaltige Gase und die Notwendigkeit, hohe Schornsteine zu errichten, weg. Aber auch die Gefährdung der Betriebsmittel durch das schwefelhaltige Gas bei Taupunktunterschreitung, die unter Umständen im Wärmeaustauscher, bei Umwälzung von Verbrennungsgasen vielleicht auch in anderen Teilen, auftreten kann, wird durch die vorherige Entschwefelung des Gases verhindert.

Schaltungsmäßig sind, wie Abb. 45 zeigt, die Anlagen zur Gewinnung von Teer und Schwefel zwischen Druckvergaser und Gasturbinenanlage eingegliedert. Eine zweckmäßige Gesamtanordnung durch Trennung der Nebenproduktengewinnung vom eigentlichen Kraftwerksbetrieb ist ohne weiteres möglich. Selbstverständlich ist für den Betrieb einer solchen Nebenprodukten-Gewinnungsanlage die Bedingung zu stellen, daß die Anlage nach den Bedürfnissen der Stromversorgung gefahren wird und die Nebenproduktengewinnung tatsächlich ein Nebenbetrieb ist, dessen Erzeugung sich nach den Erfordernissen des Kraftwerksbetriebes richtet.

20. Die Kupplungsmöglichkeit von Elektrizitäts- und Gaserzeugung.

Befaßt man sich mit den Aussichten der Gasturbine für die Elektrizitätserzeugung, so ist noch ein Punkt anzuführen, der für die zukünftige Entwicklung der Energiewirtschaft eine Rolle spielen kann, das ist die Möglichkeit der Kupplung zwischen Strom- und Gaserzeugung in ähnlicher Weise wie beim Heizkraftwerk die der Strom- und Wärmeabgabe. Man käme auf diese Weise zu einer Energieumwandlungsanlage allgemeinster Form, die besonders für

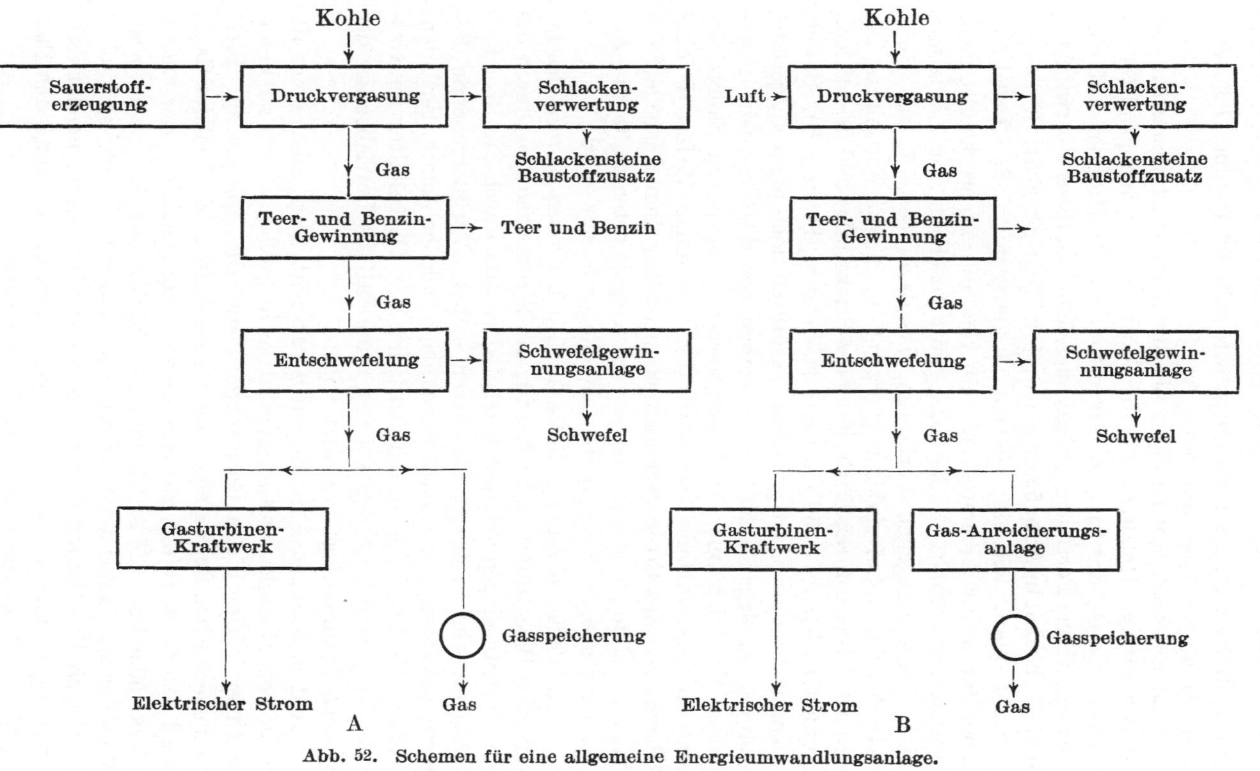

Abb. 52. Schemen für eine allgemeine Energieumwandlungsanlage.

große Städte oder für Industriegebiete mit Strom- und Gasbedarf Bedeutung gewinnen könnte.

Eine Schwierigkeit ist dabei allerdings nicht zu übersehen, das ist der geringe Heizwert des mit Luft als Vergasungsmittel erzeugten Gases, der für die Gasversorgung im Hinblick auf eine wirtschaftliche Fortleitung nicht ausreicht. Zu ihrer Überwindung sind die beiden in Abb. 52 angedeuteten Wege gangbar. Entweder betreibt man, wie im Schema A dargestellt, die Druckgasgeneratoren mit Sauerstoff, um ein Gas mit entsprechend hohem Heizwert zu erhalten, oder man greift zu einem von *Linde* und *Lurgi* vorgeschlagenen Verfahren, das darin besteht, den Heizwert des durch Lufteinblasung erzeugten, für die Fortleitung bestimmten Gases durch Entfernung des Stickstoffes und des giftigen Kohlenoxydes auf 4650 kcal/nm^3 zu steigern (Schema B). Soweit bekannt, ist dieses letztgenannte Verfahren noch nicht ausgeführt worden. Es liegen auch keine Angaben vor, die einen wirtschaftlichen Vergleich mit der Druckgaserzeugung durch Sauerstoffeinblasung gestatten. Man wird aber annehmen dürfen, daß bei Überwiegen des Stromverbrauches gegenüber dem Gasbedarf die Verwirklichung des Schemas B, im umgekehrten Falle die Anwendung des Schemas A das Naheliegende sein wird.

Eine solche Kupplung hätte auch den großen Vorteil des indirekten Belastungsausgleiches für die Stromerzeugung durch die im Gasnetz eingegliederten Gasbehälter und durch die Speicherfähigkeit von größeren Gasnetzen selbst. Vorübergehende Belastungsspitzen der Gasturbinenanlage würden durch Entladen, Belastungsrückgänge durch Aufladen der Gasbehälter im Gasnetz aufgefangen werden können, ohne daß die Betriebsweise der Gaserzeugungsanlage geändert wird.

In dem Schema, Abb. 52, wurde versucht, den Aufbau einer allgemeinen Energieumwandlungsanlage in großen Zügen zu kennzeichnen. Hinter den Gaserzeugern sind die Anlagen zur Teer- und eventuellen Schwefelgewinnung geschaltet. Ein Teil des Gases wird den Gasturbinen zur Stromerzeugung zugeleitet, der andere direkt oder über die Anreicherungsanlage in das Gasnetz gespeist. Wenn es sich dabei auch um ein Zukunftsbild handelt, so muß es hier doch Erwähnung finden, da es mit der Gasturbinenentwicklung eng verknüpft ist und die praktische Anwendung der Gasturbine auf breiter Basis beeinflussen kann.

Schlußwort.

In den vorstehenden Ausführungen wurden die Verwendbarkeit und die wirtschaftlichen Aussichten des Gasturbinenprozesses für die Elektrizitätserzeugung, der heutige technische Stand des Gasturbinen- und Gasgeneratorenbaues und deren Entwicklungsmöglichkeiten einer kritischen Betrachtung unterzogen. Versucht man, aus dieser Studie Folgerungen zu ziehen und sich ein Urteil über die Eignung des Gasturbinenverfahrens zu bilden, so darf man nicht allein den gegenwärtigen technischen Stand als Grundlage heranziehen, sondern muß berücksichtigen, daß dieser nur als Ausgangspunkt einer technischen Entwicklung gelten kann. Baut man heute eine Gasturbinenanlage mit den zur Verfügung stehenden Werkstoffen, so wird man beim vorläufig in Frage kommenden Temperaturbereich von 600—700 ° C zu keinem besseren Wärmeverbrauch gelangen als beim Dampfprozeß. Bei Vortrocknung der Kohle wird man eher einen schlechteren thermischen Nutzeffekt in Kauf nehmen müssen. Der Gasturbinenprozeß knüpft aber da an, wo der Dampfprozeß nach einer Entwicklung von mehreren Jahrzehnten steht. Die wirtschaftliche Überlegenheit des Gasturbinenprozesses steht und fällt mit der erreichbaren Anfangstemperatur vor der Turbine. Gelingt es, Temperaturen von 800 ° C und mehr zu beherrschen, so ist eine wirtschaftliche Überlegenheit des Gasturbinenprozesses zu erwarten, die vom Dampfprozeß auf Grund der heutigen Erkenntnisse nicht eingeholt werden kann.

Wenn auch im Temperaturbereich zwischen etwa 600—750 ° C das offene und geschlossene Gasturbinenverfahren wärmewirtschaftlich als gleichwertig anzusehen sind, so darf nicht übersehen werden, daß der offene Prozeß mit steigender Anfangstemperatur zunehmende Wärmeersparnisse gegenüber dem geschlossenen Prozeß ergibt und auch sein Kühlwasserbedarf bei gleicher Aufwärmung geringer ist. Für eine Steigerung der Grenzleistungen und die Erzielung einer genügenden Anpassungsfähigkeit an Belastungsänderungen stellt die Kombination des offenen und geschlossenen Prozesses durch Überlagerung der beiden Verfahren einen gangbaren und erfolgversprechenden Weg dar.

Die Aussichten, die der Gasturbinenprozeß in Verbindung mit der Vergasung des Brennstoffes bietet, lassen es als berechtigt erscheinen, sich mit seiner Weiterentwicklung zu befassen. Es sind vor allem folgende Fragen, die studiert und gelöst werden müssen, da sie die Voraussetzung für seine praktische Einführung auf breiter Basis bilden.

Bei der Gasturbine:

Steigerung der Anfangstemperatur durch geeignete Konstruktionsweise und durch Vervollkommnung der Werkstoffe,
Anpassung der Regelfähigkeit an die für die großen Versorgungsnetze zu stellenden Bedingungen.

Beim Gaserzeuger:

Verarbeitung von Feinkorn und feuchter Kohle,
Vervollkommnung der Kohlenstoffumsetzung,
Steigerung der Einheitsleistung.

Bei der Gasreinigung:

Sammlung von Erfahrungen über den für die Turbinen zulässigen Staubgehalt und Entwicklung eines mechanischen Abscheiders, der den zu stellenden Ansprüchen genügt.

Diese Fragen können nur an Versuchsanlagen studiert werden, die auch die nötigen Anregungen zur technischen Vervollkommnung und Fingerzeige für die zu beschreitenden Wege geben.

Gelingt es, für die Flugstaubabscheidung eine vollwertige Lösung zu finden, so rückt auch das Problem der *Druckverbrennung der Kohle* mehr in den Vordergrund. Sieht man von einer Wertstoffgewinnung ab, so ist die Umsetzung der chemischen Energie der Kohle in zwei Stadien, nämlich durch Vergasung und *nachfolgende* Verbrennung, zweifellos als Umweg anzusehen. Das Ideal wäre die direkte Druckverbrennung der Kohle in der Brennkammer, also die praktische Verwirklichung der Kohlenstaubturbine auch für aschenreichere Brennstoffe. Sie ist eine Frage der Staubabscheidung. Die direkte Druckverbrennung von wertstoffarmer Kohle und die Vergasung mit nachgeschalteter Wertstoffgewinnung bei hochwertigen Brennstoffen wären die Ziele, die der Ingenieur in der Ferne sehen sollte, wenn er die Weiterentwicklung der Wärmekrafterzeugung durch Vervollkommnung der Gasturbine als Aufgabe ansieht.

Literaturverzeichnis.

1 *Meyer*, Die Dampfkraftanlagen der Nachkriegszeit, Schiff und Werft 1943, Heft 7/8.

2 *Musil*, Die Gesamtplanung von Dampfkraftwerken, 2. erweiterte Auflage, Berlin: 1947, Springer-Verlag.

3 *Rammler*, Entwicklungsstand und Zukunftsaussichten der Schmelzkammerfeuerung, Archiv für Wärmewirtschaft, Band **23** (1942), S. 151.

4 *Rozinek*, Vorgänge, Wärme- und Temperaturspiele im Szikla-Rozinek-Vergaser, Archiv für Wärmewirtschaft, Band **24** (1943), S. 51.

5 *Gumz*, Der Schwebevergaser, Bauart Szikla-Rozinek, als Feuerung und als Gaserzeuger, Archiv für bergbauliche Forschung, Band **3** (1942), S. 127.

6 *Happel*, Betriebserfahrungen mit einem Luftkondensator, Archiv für Wärmewirtschaft, Band **22** (1941), S. 265.

7 *Ackeret* und *Keller*, Aerodynamische Wärmekraftmaschine mit geschlossenem Kreislauf, Z. d. VDI., Band **85** (1941), S. 491.

8 *Keller*, Die Aerodynamische Turbine im Vergleich zur Dampf- und Gasturbine, EWC-Mitteilungen, 15./16. Jahrgang (1942/43).

9 *Fischer* und *Meyer*, The Combustion Gazturbine, Westinghouse Engineer, 1944.

10 *Noak*, Heutiger Stand des Velox-Dampferzeugers, Z. d. VDI., Band **85** (1941), S. 967.

11 *Vorkauf*, Brennkraftturbine mit Drehkessel, Jahrbuch der brennkrafttechnischen Gesellschaft, **21. 22.** Band (1940/41).

12 *Sawyer*, The modern Gazturbine, Prentice-Hall, Inc. New-York: 1945.

14 *C. R. Soderberg* und *R. B. Smith*, Die Gasturbine als Schiffsantriebsmöglichkeit, The Motor-Ship, 1944.

13 *Jarmuske*, Entwicklung und Stand der Feifel-Wirbelsiebentstaubungsanlagen, Archiv für Wärmewirtschaft, Band **25** (1944), S. 95.

15 *Musil*, Vereinheitlichung und technische Entwicklung im Bau von Wärmekraftwerken, Archiv für Wärmewirtschaft, Band **25** (1944), S. 81.

16 *Lurgi*, Gesellschaft für Wärmetechnik, Druckvergasungsanlagen, Druckschrift, herausgegeben von der Lurgi-Gesellschaft (1942).

Literaturverzeichnis